KB065855

디데이 리허설

D-DAY REHEARSAL

■ 일러두기

1. 이 책은 임산부의 건강을 생각하여 눈의 피로도를 줄이는 미색 종이를 사용하였으며, 일반 단행본에 비해 글씨 크기와 자간, 행간 등을 넉넉하게 하였습니다.

2. 내용을 쉽고 빠르게 찾아볼 수 있도록 책 뒤편에 인덱스를 실었습니다.

출산, 그 두려움이 설렘으로

디데이 리허설

D-DAY REHEARSAL

이금재 지음

차례

프롤로그 엄마의 길에 들어선 딸들에게 • 6

1장 태교를 시작하는 딸에게

01. 태교의 중요성은 아무리 강조해도 지나침이 없단다 • 12
02. 모든 감각을 활용해 더 풍성한 태교를 해보렴 • 24
03. 태교를 잘하려면 아기와 엄마의 변화 과정을 알아 두렴 • 40

2장 분만이 가까워 오는 딸에게

04. 힘을 잘 주기 위한 리허설이 필요하단다 • 56
05. 진통 경감을 위한 리허설이 필요하단다 • 70
06. 디데이Delivery day를 위해 분만 과정을 미리 알아 두자 • 86

3장 완모의 꿈을 꾸는 딸에게

07. 모유 수유는 결코 부담스러운 일이 아니란다 • 100
08. 모유에도 좋은 젖, 안 좋은 젖이 있단다 • 116
09. 유방 관리는 아기와 엄마 몸에 대한 건강 관리야 • 132

4장 산후 조리 중인 딸에게

10. 산후 질환에 대해 미리 공부해 두자 • 150
11. 예상치 못한 산후 질환으로 고생하지 않으려면 • 166
12. 산욕기 건강 관리가 인생 건강을 좌우할 수 있다 • 182

5장 처음 아기를 키워 보는 딸에게

13. 아기의 성장 과정을 미리 알아 두렴 • 198
14. 우는 아기 달래기의 달인이 되어 보자 • 214
15. 아기에게 꿀잠을 선물해 주렴 • 228

6장 아기 건강을 걱정하는 딸에게

16. 증상에 따른 기본 대처법을 알아 두렴 • 244
17. 예방접종 지식은 아기 건강을 위한 재산이란다 • 258
18. 자연주의 육아법을 소개하고 싶구나 • 272

에필로그 엄마의 마지막 조언 • 288
인덱스 • 292

프롤로그 | 엄마의 길에 들어선 딸들에게

'위대한 엄마'보다 '행복한 엄마'가 되어야 한다

여자의 삶은 아기가 생기면서부터 크게 달라진다. 자신에게 집중된 삶에서 한 생명을 보살피고 책임지는 '엄마'의 삶으로, 그야말로 새로운 인생이 시작된다고 해도 과언이 아니다. 하지만 그렇다고 해서 스스로를 소외시켜서는 절대 안 된다. 엄마로서의 새로운 인생이 시작된 만큼 자신을 더 아끼고 소중하게 대해야 한다. 그래서 엄마가 되기는 쉽지만 행복한 엄마가 되기는 쉽지 않다. 아기와 가족에게 소중한 존재이면서 스스로도 의미 있는 존재로 세워지는 것은 결코 저절로 되지 않는다.

그렇다면 어떻게 해야 행복한 엄마가 될 수 있을까? 사실 임신한 후부터, 즉 엄마의 길에 들어선 후부터는 표면적으로 고난이 이어진다. 우선 임신 사실을 앎과 동시에 엄마는 태교와 태아의 건강을 위해 많은 것을 포기해야 한다. 그러면서 아이가 태어나기만을 기다린다. 출산의 고통만 잘 이겨 내면 이제 다시 여자의 삶을 회복할 수 있으리라 기대하면서 말이다.

그러나 정작 아기가 태어나면 신경 쓸 것이 더 많아진다. 분만의 고통이 아물기도 전에 모유 수유에 온갖 정성을 쏟아야 하고, 출산 후 유증을 견디며 산후 조리에 힘써야 한다. 시간이 조금 흘러 모유 수유가 익숙해지고 몸이 회복되어 간다고 해도 수고가 끝나는 것은 아니다. 그때부터 전장과도 같은 육아 현장에 배치되어 아기의 건강을 위해 노심초사하며 지내야 한다. 임신 기간만 끝나면 '고생 끝 행복 시작'일 거라 생각했지만, 출산과 동시에 행복은 더 먼 이야기가 되어 버린다.

하지만 그렇다고 엄마가 된 이후의 삶이 고달프다고만은 할 수 없다. 어떻게 그 시기를 받아들이고 적응하느냐에 따라 더 행복해질 수도, 처절해질 수도 있다. 그리고 그 시간을 행복의 순간으로 채우느냐 고초의 순간으로 남기느냐는, 가족의 도움이나 환경의 영향도 물론 있겠지만 우선적으로 자기 자신에게 달려 있다.

그래서 이 책을 통해 '엄마의 삶=행복한 삶'이 되기 위한 비결을 나누어 보고자 한다. 시간이 흐른 뒤 '돌아보니 그때 나름 행복했다'가 아니라, 당장 이 순간이 행복할 수 있게 하는 방법을 말이다. 그 방법은 다름 아닌 '리허설'이다. 리허설만 잘해도 사실상 두려울 것이 없다. 혹여 두려울 만한 일이 생기더라도 그것이 그리 혹독하게 느껴지지 않을 수 있다. 또한 이러한 리허설의 핵심은 '앎'이다. 임신과 태교, 출산, 모유 수유, 산후 조리, 육아 등에 대해 기본적인 사항만이라도 미리 알아 두면 연이어 찾아오는 어려움들을 한결 쉽게 풀어 나갈 수 있다. 실제로 초보 엄마가 아닌, 둘째, 셋째를 키우는 엄마들은 아기가 어떻게 태어나고 자라는지를 이미 '알기' 때문에 모든 순간을 좀 더 수월하게 보낸다. 따라서 초보 엄마라도 여러 상황에 미리 대비해 둔다면 앞으로 다가올 시간들을 보다 행복하게 보낼 수 있다.

그런 차원에서 이 책은 초보 엄마가 미리 알아 두고 대비하면 좋을 내용들을 정리하고 있다. 임신 직후부터 초기 육아 단계까지의 핵심 내용을 단계별로 짚어 보면서 기본기를 쌓을 수 있도록 구성했다. 특히 정보만 전달하는 차원이 아니라, 갓 엄마가 된 딸에게 조언하는 친정 엄마의 마음을 담으려 애썼다. 챕터마다 엄마의 마음으로 쓴

편지글을 실었으며, 다양한 핵심 정보와 더불어 추가적으로 나올 수 있는 질문에 대해서도 다루었다. 또한 나중에 필요한 내용만을 쉽게 살필 수 있도록 꼭 알아 두어야 할 사항들을 요약정리로 덧붙였다.

물론 요즘에는 출산, 육아와 관련하여 자세한 정보를 빼곡히 기록한 책이 많이 나오고 있지만, 이 책처럼 단계별 사항을 한 권 안에 일목요연하게 정리한 책도 한 권쯤 소장할 가치가 있다. 필요할 때마다 일일이 내용을 찾아보는 것도 좋지만, 미리 전반적인 개관을 파악하는 것이 오히려 큰 도움이 되기 때문이다. 특히 이런 과정은 초보 엄마가 자신의 역할에 대한 밑그림을 그리는 데 유익하다. 부디 이 책을 통해 엄마로서의 삶을 갓 시작한 사람들이 더 많이 웃을 수 있기를 바란다. 그리고 친정 엄마의 마음으로 정리한 글을 보면서 조금이나마 위로를 얻을 수 있기를 기대해 본다.

1장

태교를 시작하는 딸에게

01 태교의 중요성은 아무리 강조해도 지나침이 없단다

To. 임신 소식에 들떠 있는 딸에게

사랑하는 우리 딸! 얼마 전, 아기를 가졌다고 말하며 수줍게 기뻐하던 네 모습을 떠올리니 지금도 얼굴에 미소가 지어진단다. 엄마도 그 소식을 듣고 얼마나 행복하고 기뻤는지 몰라. 그런데 어제는 "과연 내가 좋은 엄마가 될 수 있을까" 고민하는 네 목소리를 듣고 만감이 교차했단다. 아주 오래전 너를 가졌을 때 엄마가 했던 생각을 너도 똑같이 하고 있다는 사실이 신기하기도 했지. 물론 우리뿐만이 아니라 세상의 모든 엄마가 그런 생각을 하겠지만 말이야.

아무튼 너와 대화를 나누면서 네가 아기를 가졌다는 기쁨과 함께 한 생명의 엄마로서 본격적으로 부담감을 느끼기 시작했단 걸 알 수 있었단다. 넌 지금부터 열심히 태교해서 건강하고 지혜로운 아기를 낳겠다고 다짐하면서도 내게 어떻게 하면 태교를 잘할 수 있냐고 물었지. 또 기쁨과 염려가 뒤섞인 목소리로 "엄마, 내가 잘할 수 있을까?" 하며 한숨을 내쉬기도 했어. 사실 그런 다짐과 질문을 하는 네 모습을 보며 엄마는 내심 뿌듯했단다. 부담감을 느낀다는 것 자체가 이미 좋은 엄마가 될 가능성이 충분하다는 뜻이니까. 마냥 아기 같던 우리 딸이 언제 이렇게 컸는지, 대견한 마음이 들었어.

그러니까 너무 걱정하지 마. 책임감을 느끼되 그 책임감 때문에 스트레스를 받을 필요는 없어. 그저 아기를 향한 지금의 그 마음만 꾸준히 간직하렴. 그리고 엄마가 이제 많이 도와줄 거야. 바로 옆에서 물리적인 도움을 줄 수는 없겠지만 너에게 필요한 정보와 경험적인 지식을 열심히 정리해서 보내 줄게. 편하게 읽으면서 태교도 하고 차분히 출산을 준비하렴. 먼저 태교의 구체적인 방법에 앞서, 태교의 중요성을 비롯해 아주 기본적인 태교 상식을 정리해 보았단다. 태교를 하면서도 '정말 태교가 중요할까?' 하는 의구심이 들 때가 있는데 이 내용을 보면서 마음을 다잡길 바란다. 엄마는 우리 딸이 잘 해내리라 믿어!

태교를 시작하는 딸에게 전수하는 엄마의 '알짜 정리' 1

태교가 대체 왜 그렇게 중요할까?

태교의 중요성은 아무리 강조해도 지나치지 않다. 오늘날 예비 엄마들 역시 대부분 태교에 지대한 관심을 보이며 다양한 방법으로 태교를 한다. 그런데 태교에 관심을 보이고 열심히 무엇인가를 하면서도 한편으로는 의구심을 갖기도 한다. '이렇게 노력한 만큼 과연 효과가 있을까?' '아이들의 지능이나 감성, 정서 등은 부모의 유전에 따른 게 아닐까?' 등등 태교의 실효성을 의심하기 쉽다. 물론 이 말도 틀린 것은 아니다. 분명 유전적인 영향이 크기 때문이다. 그러나 선천적인 능력은 단순히 유전자의 영향만이 아닌, 배 속에 있을 때 '어떠한 환경에서 자랐는지'에 의해 결정될 수도 있다.

인간의 자질을 형성하는 데에는 유전인자와 환경에 대한 적응력이 작용하는데 유전인자는 부모로부터 물려받아 타고난 것으로 변화가 어려울 수밖에 없다. 이에 비해 환경에 대한 적응력은 '자신을 환경에 따라 바꾸어서 순응하는 능력'으로 변화와 개발이 가능하다. 따라서 임산부가 좋은 환경에서 늘 기분 좋게 생활하면 호르몬의 분비 역시 원활해지고 이에 따라 배 속의 아기도 좋은 느낌을 가지고 자라나게 된다. 더 나아가 엄마의 다양한 감성이 아기에게 전해지면 아기는 그 감성에 기초하여 지적 능력을 비롯한 많은 능력을 갖출 수 있다. 실제로 같은 부모로부터 태어났음에도 선천적인 성격이나 지적 능력 등이 전혀 다르게 나타나는 경우가 많다. 이는 유전자 이상의 환경적 영향, 곧 부모의 태교가 아이에게 지대한 영향을 미침을 알게 해준다.

따라서 우월한 유전자를 이어받았다고 할지라도 임신 중 감정 변화에 심각한 문제가 생기는 등 부모의 태교에 부정적인 요소가 있었다면 그 유전자를 훌륭하게 발현하기가 어려울 수 있다. 반대로 우월하지 않고 그저 평범한 유전자를 이어받았다고 해도 엄마가 태교를 통해 좋은 환경을 제공해 준다면 그 아이의 능력은 태어나기 전부터 자라날 수 있다.

태교 10개월? 그 이상으로 길다

흔히 태교는 임신 중에만 하는 것이라고 생각한다. '태아에게 좋은 영향을 주기 위한 행위'라는 단어의 사전적 의미로는 그 말이 백번 맞다. 그러나 아이의 기초 성장 발달에 영향을 준다는 확장된 차원의 태교는 세 살까지로 보는 것이 좋다. 즉, 육아가 완성되는 세 살까지가 태교의 완성이라고 할 수 있다. 그런 의미에서 임신 중에 조심했던 만큼 출산 후에도 그런 주의와 노력이 지속되어야 한다. 아기가 배 속에 있을 때에는 좋은 것만 먹고, 좋은 것만 보고, 좋은 것만 입다가 출산하고 나서는 아무거나 먹고 언행도 함부로 하면 태교가 불완전하게 끝나게 된다.

특히 출산 이후에 육아 문제로 신경이 예민해져서 부부 사이에 다툼이 잦아질 수 있는데 아기 앞에서는 부부 싸움도 하지 말아야 한다. 갓난아기는 부모가 언성을 높이면 공기가 불안한 것을 느끼며 정서적으로 부정적인 감정을 갖기 때문이다.

이처럼 갓난아기 앞에서도 '지금 태교하는 중'이라는 생각으로 신중하게 행동하고 표현해야 한다. 물론 출산 이후에까지 매 순간 주의를 기울이는 것이 버거울지도 모른다. 하지만 그런 조심성이 아이의 인생을 결정짓는다고 생각하면 충분히 감내할 수 있을 것이다.

한편 태교의 완성기인 세 살까지가 태교의 입력기흡입기라면 그 이후는 태교의 출력기배출기라고 할 수 있다. 한마디로 태교의 영향이 표출되는 시기가 시작되는 것이다. 실제로 아기들은 세 살까지 세상의 모든 이치를 흡입하고 세 살 이후에는 그동안 자기가 듣고, 보고,

느꼈던 것을 적재적소에 언어와 몸으로 표현하게 된다. 가령 아기가 세 살 이전에 매일같이 싸우는 부모를 목격한다면, 당장은 영향을 받지 않는 것 같아도 나중에 폭력적인 성향이 강한 아이로 자랄 수 있다.

더 나아가 태교는 엄밀히 말해, 아기가 배 속에 생기기 전부터 이루어진다고도 할 수 있다. 그러므로 준비된 임신, 즉 몸과 마음이 최적인 상태에서 임신을 한다면 궁극적으로 그 준비 과정부터가 훌륭한 태교라고도 할 수 있는 셈이다.

태교는 아빠와 엄마가 하모니를 이룰 때 완성된다

요즘은 태교에 대한 인식이 많이 나아져서 엄마 혼자서 하는 것이 아니라 아빠도 함께해야 한다는 사실은 누구나 인정한다. 그러나 실상은 여러 가지 이유로 아빠가 태교에 동참하지 못하는 경우가 많다. 물론 가족을 위한 경제 활동에 바쁘기 때문이겠지만, 아빠의 태교가 왜 중요한지를 정확히 안다면 주어진 상황 속에서 최대한의 노력을 기울이게 될 것이다.

먼저 아빠의 목소리는 엄마에 비해 저음인 경우가 많아서 태교에 좋다. 아기에게는 고음과 저음을 골고루 들려주어야 하기 때문이다. 즉, 아빠의 저음이 적절히 어우러지면 아기가 엄마의 소프라노 소리만 계속 듣는 것보다 훨씬 안정감을 느낄 수 있다. 특히 그동안의 연구 결과에 의하면 남성의 목소리는 여성의 목소리보다 주파수가 낮기 때문에 여성의 목소리에 비해 자궁 내에서 더 크게 들린다고 한다. 그만큼 아빠의 태담은 아기에게 더 효과적으로 전달될 수 있다는 뜻이다.

다음으로 아빠와 함께하는 태교는 아기에게 아빠의 존재를 인식시킬 수 있는 좋은 기회이다. 아기는 긴 기간 엄마의 자궁 속에서 자라기 때문에 엄마를 본능적으로 느끼며 인식할 수밖에 없지만 아빠는 사전에 소통이 없을 경우 자연스럽게 인식하기 어렵다. 그런데 만약 아빠가 태아에게 주기적으로 말을 건다면 아기는 아빠가 있다는 사실을 보다 쉽게 받아들이고 아빠에 대한 존재감을 갖게 된다.

더 나아가 아빠가 태교에 힘쓸 경우, 엄마에게도 안정감과 행복을 줄 수 있어서 간접적으로 엄마의 안정된 정서와 감정이 아기에게 전달되는 효과를 볼 수 있다. 실제로 태교에서 가장 중요한 것이 엄마의 감정 상태라 할 수 있는데, 엄마가 긍정적인 감정을 지속하도록 가장 많이 도울 수 있는 사람은 바로 아빠이다.

한편, 태교의 완성이 세 살까지라고 보았을 때, 아빠의 태교 역시 출산 이후에도 지속되어야 한다. 엄마가 안정적이고 조곤조곤한 어투로 육아를 한다면, 아빠는 이와 대조적으로 아기와 힘차게 놀아줄 수 있다. 이처럼 아빠와 엄마가 다양한 방법으로 함께 육아에 동참하면 아기는 정서적으로 더욱 편안함을 느끼게 된다.

엄마, 궁금해요!

Q. 남편이 태교 여행을 가자고 하는데 가도 괜찮을까요? 과연 얼마나 도움이 될지도 궁금해요.

A. 임신 중에는 여러모로 조심할 것이 많으니까 여행도 고민이 될 거야. 그런데 엄마는 여행이 태교에 분명 도움이 된다고 생각해. 말 그대로 태교 여행은 '아기가 태어나기 전에 남편과 둘만의 여행을 가보자'는 차원이 아니라, 태아에게 일종의 선물을 주는 것이니까. 물론 태교 여행이 정말 태아에게 도움이 될지 의문이 들 수도 있겠지. 하지만 아기에게 복합적인 감각을 키워 주고 다양한 경험을 갖게 해준다는 점에서 충분히 도움이 될 거야.

그래도 여행의 시기는 몸 상태를 잘 고려해서 결정해야겠지? 유산의 위험이 있는 3개월 이전이나 9개월 이후는 피하는 게 좋고, 되도록 정기 검진을 받은 후에 일정을 세우는 것이 좋단다. 엄마와 아기의 건강 상태에 따라 여행지를 선정해야 좀 더 안전한 여행을 즐길 수 있으니까 말이야.

여행지를 정했다면 이동에도 주의를 기울여야 해. 만일 비행기를 타게 된다면 3시간 이상의 비행은 피하고, 혈액순환을 위해 1시간에 한 번 정도는 일어나서 걷는 것이 좋아. 물론 비행 전에 담당 의사와 상의해서 주의할 점을 확인하는 게 가장 안전하겠지? 자동차로 이동할 경우에도 5시간을 넘지 않는 것이 좋고, 대중교통을 탄다면 고속버스보다는 KTX 등을 활용하는 것이 좋을 거야. 열차 안에서 돌아다닐 수도 있고 화장실도 다녀올 수 있으니까. 참, 도착해서 도보로 이동할 때는 아무래도 운동화를 신는 것이 좋겠지?

그 밖에도 사전에 꼭 알아 두어야 할 게 있는데 '여행지 주변에 어떤 병원이 있느냐?' 하는 거야. 국외 여행이라면 우리나라의 119와 같은 그 나라의 응급구조대 번호를 꼭 알아 두렴. 또 식중독 등의 위험을 막기 위해 미리 식당 정보를 알아 둘 필요도 있어. 이렇게 조심해야 할 점들을 잘 준비한다면 태교 여행은 너에게도 좋은 추억이 되고 아기에게도 뜻 깊은 일이 될 거야.

딸아, 이것만은
꼭 기억하렴

1. 태교의 중요성

- 선천적인 능력은 단순히 유전자의 영향만이 아님.
  - 배 속 환경도 중요함.
- 태교를 통해 환경에 대한 적응력을 키워 주어야 함.

2. 태교의 시기

- 넓은 의미의 태교는 세 살육아의 완성 시기까지 진행되어야 함.
  - 임신 기간뿐 아니라 출산 후에도 태교한다는 각오로 아기 앞에서 언행에 주의하기.
- 세 살까지는 태교의 입력기흡입기.
  - 아기는 세 살까지 세상의 이치를 흡입함.
- 세 살 이후부터 태교의 출력기배출기.
  - 그동안 보고 듣고 느꼈던 것을 표현하기 시작함.
- 태교는 엄밀히 아기가 배 속에 생기기 전부터 이루어져야 함.
  - 몸과 마음이 준비된 임신.

3. 아빠와 엄마가 함께하는 태교

- 아빠의 태교 참여가 효과적이고 중요함을 인식하기.
- 아빠의 저음, 엄마의 고음이 조화를 이루어야 함.
  - 엄마의 고음만 계속 듣는 것보다 훨씬 안정감을 느낌.
- 아빠의 저음이 주는 효과.
  - 낮은 주파수의 소리가 자궁 내에서 더 크게 들리므로 아빠의 적절한 태담은 아기에게 효과적임.
  - 엄마에 비해 약할 수밖에 없는 아빠의 존재감을 아기에게 형성시킬 수 있음.
- 함께하는 태교 역시 출산 이후에도 계속되어야 함.

02 모든 감각을 활용해 더 풍성한 태교를 해보렴

To. 태교의 방법을 고민하는 딸에게

지금쯤 배 속의 아기를 위해 노래를 불러 주고 있을 우리 딸을 생각하며 편지를 쓴다. 예전부터 아기가 생기면 태교에 신경 쓸 거라고 말했던 너이다 보니, 누구보다도 정성 들여 태교하고 있으리라 생각해. 아마 태중의 아기도 그런 너의 소중한 마음을 벌써 알아채지 않았을까 싶은 마음도 든단다. 그런데 오늘은 네가 문득 어떤 방법으로 태교하는지 궁금해지더구나. 그래서 저번에 약속한 대로 태교의 방법을 조금 정리해 보았어.

우선 태교의 방법을 다루기에 앞서서 EQEmotional quotient, 그러니까 감성지수가 높은 아기로 키우겠다는 마음을 가졌으면 좋겠어. 막연하게 건강하고 똑똑한 아기로 키우겠다고 생각하기보다 EQ가 높은 아이로 성장시켜야겠다는 마음가짐이 필요하단다.

왜 EQ가 중요하냐고? EQ는 어떤 갈등 상황을 만났을 때 그 갈등이 일어난 상황을 분석하고 자신의 처지를 정확하게 인식할 수 있는 능력을 갖추게 해주거든. 그래서 EQ가 발달하면 감정적 대응을 자제할 수 있을 뿐 아니라 어떤 상황에서도 다른 사람을 이해하고 공감하는 능력을 갖게 돼. 이런 아이는 자연히 밝고 건강하게 자랄 수밖에 없단다. 그야말로 잘 먹고, 잘 자고, 잘 놀고, 열심히 살아가는 아이로 자라게 되는 거지. 또 정신이 건강한 만큼 면역력이 좋아질 수밖에 없고……. 그래서 EQ가 풍성한 아이로 키우겠다는 목표는 태교에 필요한 목표를 모두 종합했다고도 할 수 있어.

그럼 어떻게 하면 EQ가 풍성한 아이로 키울 수 있을까? 나는 오감을 충분히 활용한 태교를 하라고 말하고 싶어. 물론 지금도 충분히 잘하고 있겠지만 혹시 시각과 청각에만 집중된 태교를 하고 있지는 않니? 이제 보다 효과적이면서도 너와 아기에게 최고의 도움이 되는 오감 만족 태교 방법을 소개해 보려고 해. 잘 읽어 두었다가 아기에게 꼭 적용해 보렴.

태교를 시작하는 딸에게 전수하는 엄마의 '알짜 정리' 2

시각 태교

시각 태교의 대표적인 방법은 걷기 태교이다. 엄마가 걷는 것만으로도 아기의 뇌 발달에 도움이 될 수 있는데, 그 이유는 엄마가 걸으면서 눈으로 보는 모든 것이 배 속의 아기에게도 그대로 전달되기 때문이다. 또한 한 걸음씩 걸을 때 자궁이 규칙적으로 수축하게 되는데 이는 아기의 피부를 자극시킨다. 그리고 이렇게 아기가 피부 자극을 받으면 뇌신경 발달에도 큰 도움이 된다. 그러므로 편안한 마음으로 걸으면서 평소에는 무심히 지나쳤던 주변 사물이나 나무, 이름 모를 풀에도 관심을 가지며 바라보면 좋다.

그런데 걷는 데에도 요령이나 주의해야 할 점이 있다. 우선 임신을 하면 관절이 느슨해지기 때문에 발목을 접질리기 쉽다. 그러므로 경사가 있는 곳보다는 평지를 걷는 것이 좋다. 또한 허리를 곧게 세우고 가슴을 편 후, 시선은 아래를 향하기보다는 앞을 향한 채로 걷는 것이 좋다. 그뿐만 아니라, 걸을 때 코로 숨을 길게 들이 마시고 입으로 내쉬기를 반복해야 하는데, 참고로 이러한 호흡법은 출산 시 진통을 줄이는 데에도 도움이 된다. 무엇보다 태교를 해야 한다는 의무

감에 치우쳐 걷지 말고, 마음을 편하게 하고 즐기면서 걸어야 한다. 또한 배가 뭉치는 느낌이 들거나 컨디션이 좋지 않을 때는 무리해서 걷지 말고 쉬는 것이 좋다.

그렇다면 걸으면서 어떤 것을 주로 보아야 할까? 만약 보이는 것이 다 콘크리트 벽뿐이라면 아이는 삭막함을 느낄 것이다. 그러니 최대한 자연 그 자체의 것을 즐기면서 바라보는 것이 좋다. 특히 태어난 이후에도 아기를 데리고 자연을 거닐며 푸른 풀, 파란 하늘, 나무와 꽃 등을 보게 해야 한다. '아기가 뭘 알아?'라고 생각하지 말고, 산이나 들을 자꾸 다녀야 한다. 이와 같이 사람이 만든 건물이나 인조물이 아닌, 자연의 모습을 다양하게 보게 하는 것이 시각 태교의 핵심이다.

한편 생후 2개월 미만의 신생아는 색이 아닌 흑백만 인지하며 구별하는 형체 역시 동그라미, 네모, 세모 정도에 그치는데, 이런 시기에 가장 좋은 시각 태교는 엄마 얼굴을 보게 하는 것이다. 특히 엄마가 수유를 하면서 안고 있으면 아기는 흑백 모빌을 보듯이 엄마의 하얀 피부, 까만 머리, 까만 눈동자, 하얀 눈동자 등을 보며 어둠과 밝음을 인지하게 된다.

◆◆◆

청각 태교

태담 태교를 기본으로 한 청각 태교는 아기에게 안정감을 줌과 동시에 아기의 뇌에 적절한 자극을 줄 수 있다. 따라서 태담 태교를 해주면 아기의 태동이 더욱 활발해지고, 뇌 발달에도 많은 도움을 준다. 태담 태교의 방법이나 원리는 매우 다양한데 몇 가지를 간단히 정리해 보자면 다음과 같다.

첫째, 많이 하는 것보다 꾸준히 하는 것이 좋다. 간혹 생각났을 때 몰아서 태담을 많이 들려주는 경우가 있는데, 조금씩이더라도 규칙적으로 자주 들려주는 태담이 더 효과적이다.

둘째, 다정한 목소리로 말해야 한다. 물론 태아에게 말하는 것이니만큼 대부분의 부모는 일상적인 목소리보다 조금 특별한 톤으로 태담을 건네려 노력할 것이다. 그러나 단순히 듣기 좋은 목소리로 말한다는 차원을 넘어, 그 안에 태아를 향한 사랑을 담아 따뜻하게 말해야 한다. 그런 마음이 담긴다면 목소리에서도 자연스럽게 사랑스러움이 묻어날 것이다.

셋째, 태명을 잘 활용하자. 사실 '배 속의 아기가 태명을 불러 준다고 해서 알아챌 수 있을까?' 하는 의구심이 들기도 하겠지만, 태명을 지속적으로 불러 주는 것과 그렇지 않은 것에는 분명한 차이가 있다. 지속적이고 규칙적인 태담이 효과가 있듯, 특정한 자신의 이름을 반복적으로 불러 줄 때 태아는 더욱 친근감을 느끼기 때문이다. 그래서 단순히 아기를 부를 때만이 아니라, 책을 읽을 때에도 태명 부르는 것을 잘 활용해야 한다. 가령, 동화책 주인공의 이름을 태명으로 바꾸어서 읽어 주면 더욱 효과가 좋다.

한편, 청각 태교 역시 아기가 태어난 이후에도 지속되어야 하는데, 수유 시간에 이것이 보다 효과적으로 이루어져야 한다. 사실 수유하는 시간은 그야말로 아기의 오감을 다 만족시키는 순간이라고 할 수 있는데, 태교의 효과가 극대화되도록 "많이 먹어요", "잘 먹네" 등의 간단한 이야기를 자주 해주어야 한다. 물론 이때는 엄마 품에서 엄마의 심박동 소리를 듣는 것만으로도 아기에게 안정감을 줄 수 있겠지만, 정감 있는 목소리로 더 많은 대화를 해준다면 아기는 더욱 정서적으로 편안함을 느낄 수 있을 것이다.

또한 신생아기를 지나 조금 더 성장하면 밖으로 데리고 나와서 좋은 것을 들려주어야 한다. 특히 자연의 소리를 많이 듣게 하자. 많은 엄마가 클래식 음악을 들려주는 것을 최상의 선택이라고 생각하는데, 물론 이 역시도 효과적이긴 하지만 그런 기계음보다 자연의 소리를 보다 많이 들려줄 필요가 있다. 아기들은 시냇물이 흐르는 소리나 나뭇잎 흔들리는 소리, 빗방울 떨어지는 소리, 바람 소리 등을 하나씩 접해 가면서 '세상에는 이런 소리도 들리는구나!' 하고 생각하게 된다. 만약 자연의 소리를 자주 들려주기 어렵다면 시냇물 소리 대신 수도꼭지를 틀어 주는 등 최대한 자연과 비슷한 소리를 구현해 내는 방법도 있다.

◆◆◆

후각 태교

아기를 가졌을 때는 입덧을 하는 등 후각이 예민해질 수 있다. 사실 이 입덧은 배 속에 있는 태아의 반응이라고 할 수 있다. 엄마가 맡은 냄새가 태아에게 전달되어 뇌에 자극을 준 것이다. 이러한 사실은 후각 태교가 얼마나 중요한지를 간접적으로 알 수 있게 한다. 후각을 통해 전해지는 자극은 사물을 분별하는 감각을 발달시키고 기억력을 향상시키는 효과가 있는 만큼, 이 시기에는 후각 태교에도 신경을 써야 한다.

그렇다면 아기를 위해서는 어떤 냄새를 맡아야 할까? 아주 간단하다. 엄마의 뇌에 건강한 호르몬을 분비하게 하는, '엄마 자신이 좋아하는 냄새'를 맡으면 된다. 그 건강한 호르몬이 태아의 뇌에 그대로 전달되어 태아에게도 긍정적인 감정을 안겨 주기 때문이다. 그런데 아마도 대부분의 사람은 자연 그대로의 신선한 냄새를 선호할 것이다. 따라서 엄마는 자연과 더불어 좋은 냄새와 기운을 받는 일에 힘써야 한다.

한편, 아기가 다양한 감성을 지니게 하려면 '다양성을 고려한' 후각 태교에도 신경 써야 한다. 만약 엄마가 좋아하는 향기라 해서 한 가지 냄새만 맡으면 아기의 감성 역시 편중될 수 있기 때문이다. 그러므로 다양한 향기를, 때마다 세세한 냄새 하나하나에 의식적으로 반응하면서 태아가 보다 다양한 감각을 느낄 수 있도록 도와주어야 한다.

또한 아기가 태어난 이후에도 후각 태교를 지속해야 하는데, 이때 아기가 특별하게 좋아하는 냄새가 무엇인지 알아야 한다. 놀랍게도 그 냄새는 우리가 소위 젖비린내라고도 부르는 젖 냄새이다. 그리고 아기는 엄마의 땀 냄새도 좋아한다. 그러므로 신생아에게는 특별히 엄마의 냄새를 많이 맡게 해야 한다. 그 밖에도 태어나기 전처럼 자연의 냄새를 많이 맡게 해주고, 집 안 분위기 역시 상쾌하게 조성하여 좋은 냄새만 맡게 해주면 좋다.

◆◆◆

촉각 태교

태아의 입장에서는 촉각이 시각이나 청각보다 더욱 민감하게 느껴질 수 있다. 특히 임신 12주 무렵이 되면 피부 감각이 거의 어른과 같은 정도로 발달하기 때문에 이때부터는 촉각 태교가 더욱 효과적이다. 실제로 이후에 나타나는 태동 역시 피부 감각과 밀접한 관계가 있다.

한편, 태아의 피부 감각을 자극하면 뇌가 발달하는 데에 도움이 되므로 태동이 시작되는 6개월경부터는 마사지 등을 통해 더욱 적극적으로 촉각 태교를 해야 한다. 기본적으로 배를 가볍게 만지는 배 마사지를 비롯하여, 음악 감상을 하면서 리듬과 가락에 맞추어 배를 가볍게 두드리는 등의 태교가 필요하다. 이런 태교를 할 경우 태아도 자궁벽을 발로 차거나 팔을 움직이며 반응을 보일 것이다. 특히 이때 아빠가 함께 참여하면 부모와의 유대감이 더욱 끈끈하게 형성되고 태교의 효과 역시 증가될 수 있다.

다음으로 직접적으로 배를 만지는 태교 외에도, 평소에 엄마가 다른 물체를 만지면서 다양한 촉각을 경험하고 그 감정을 태아에게 전달해 주는 태교도 중요하다. 엄마는 평상시에 집안일 등을 하면서 많은 것을 만지지만 그때마다 특별한 감정을 느끼려고 노력하지는 않는다. 그러나 이 시기에는 만지는 것마다 특별한 감정을 갖고 그 느낌을 태아에게 전달하려고 노력하면 좋다. 가령 보드라운 천이나 다양한 음식 재료의 감촉 등을 최대한 잘 느끼면서 좋은 이미지를 연상하는 것이다.

촉각 태교는 특히 아기가 태어난 후에 집중적으로 해야 한다. 이 시기 촉각 태교의 시작은 분만 직후 아기를 엄마 배 위에 얹어 주는 것이다. 그렇게 처음 세상에 나온 아기를 엄마가 쓰다듬어 주면 아기는 최고의 안정감을 느끼게 된다. 그다음 엉덩이를 토닥거려 주며 안아 주기, 부벼 주기, 보듬어 주기 등을 통해서도 아기가 안정감을 느낄 수 있도록 해주어야 한다.

좀 더 특별한 방법으로는 아기 수영을 권장하기도 한다. 이것은 배꼽이 떨어진 이후로 가능한데 양수에 익숙한 아기들은 아기 수영장에서 목에 튜브를 끼워 주고 물에 띄워 놓으면 수영을 즐길 수 있다.

그리고 목욕이나 수영을 한 후, 물기를 닦고 나서 옷을 바로 입히지 않고 자연에서 풍욕바람 목욕을 시키는 것도 좋은 방법이다. 아기 피부에 산소가 직접 닿아 특별한 피부 호흡을 할 수 있기 때문이다. 물론 우리나라에서는 아기가 감기에 걸릴 수 있다는 이유로 풍욕이 아직 보편화되지 못했지만, 적절한 온도에서라면 충분히 시도해 볼 만하다. 그런 차원에서 야외가 아닌 따뜻한 방에서 하는 풍욕 방법을 권장한다이 내용은 6장에서 다시 다루게 될 것이다. 특히 이렇게 목욕 후 바람을 접하게 하면서 일광욕을 시키면 아기 몸에서 멜라토닌 호르몬이 분비되는데, 이것은 수면의 질을 높이는 호르몬이기 때문에 아기가 숙면을 취하는 데에도 도움을 줄 수 있다.

◆◆◆

미각 태교

태교를 할 때 엄마는 자신이 먹는 음식이 아기에게 그대로 영향을 미친다는 생각으로 음식을 고르고 섭취해야 한다. 특히 이때 먹는 음식은 아기의 지능을 비롯하여 성격에도 큰 영향을 미칠 수 있으므로 '잘 먹는 것'에 각별히 신경을 써야 한다. 물론 이 시기에 잘 먹어야 한다는 것은 '골고루 먹는 것'을 뜻하지, '많이 먹는 것'을 뜻하지는 않는다. 또한 이왕이면 가공된 음식보다는 식품 본래의 영양소를 그대로 전해 줄 수 있는 상태로 조리하여 먹는 것이 좋다.

먹는 방식 또한 중요한데 태아가 점점 커갈수록 소화가 어려울 수 있기 때문에 조금씩 자주 먹는 것이 좋고, 배부르게 먹기보다 조금 부족한 듯이 먹을 필요가 있다. 그리고 지방이 많이 축적되면 나중에 산도가 좁아져서 분만이 어려워질 수 있으므로 고단백 음식을 먹되 고지방 음식은 되도록 피하는 것이 좋다.

한편 아기의 뇌세포가 늘어나는 것은 출생 후 6개월까지 이루어지는데, 특히 출생 전에 더 많이 분열된다. 그러므로 임신 중일 때 더욱 조심해야 한다. 만약 이 시기에 음식을 잘못 먹으면 출산한 이후에 잘 먹어도 회복이 어려울 수 있다.

엄마, 궁금해요!

Q. 본격적으로 태아에게 책을 읽어 주려고 하는데 어떤 책이 좋을까요? 좋은 내용이면 아무 책이나 읽어도 될까요?

A. 유익한 내용의 책이라면 무엇이든 도움이 되겠지만 특별히 그림이 있는 동화책을 추천하고 싶어. 그림을 보면서 시각 태교도 할 수 있고, 단순한 이야기에 교훈이 스며들어 있기 때문에 사회성이나 정서 발달에도 도움이 되거든. 또 읽으면서 다양한 상상을 할 수 있어 창의력을 키워 줄 수도 있지.

그러니 동화책으로 태교한다면 보다 많은 자극을 태아에게 전달해 줄 수 있겠지? 자극의 일부를 기억할 수 있는 임신 3개월 정도부터 꾸준히 동화 태교를 해주면 정말 유익할 거야.

그리고 읽을 때는 내용만 전달한다고 생각하지 말고, 보다 생동감 있고 역동적으로 읽어 주는 게 좋아. 물론 다정한 목소리는 기본이 되어야 하고……. 아마 한 번쯤은 태어난 아기에게 어떤 식으로 책을 읽어 줄지 상상해

본 적이 있을 텐데, 그것을 상상하면서 지금부터 읽어 주면 돼. 엄마의 톤 하나하나가 다양한 자극이 되어 태아의 뇌를 발달시켜 줄 거란다.

참, 그리고 태아의 청각 신경은 저녁에 민감하다고 해. 그러니까 남편이 퇴근하면 함께 동화책 읽어 주기에 동참할 수 있게 서로 의논해 보렴. 아빠 특유의 낮은 목소리와 울림이 태아에게 더 생생하게 전달될 거야.

만약 지금부터 유익하고 재미있는 동화를 꾸준히 읽어 준다면, 분명 아기는 태어난 후에도 책을 친숙하게 느낄 거야. 그리고 지혜와 상상력, 호기심도 겸비하게 되겠지. 그뿐만 아니라, 책을 읽어 주면서 형성된 부모와의 유대감 때문에 태어난 후의 애착 형성에도 큰 도움이 된단다. 이런 다양한 장점을 생각하면서 오늘부터 동화를 매개로 배 속의 아기와 뜻 깊은 시간을 가져 보렴.

딸아, 이것만은
꼭 기억하렴

1. 시각 태교

- 걷기 태교: 자연물에 의미를 부여하며 바라보기.
- 출산 후, 수유할 때 엄마의 얼굴 보게 하기흑백 인지.

2. 청각 태교

- 태담 태교: 아기에게 안정감과 청각적인 자극 제공.
  - 많이 하는 것보다 꾸준히 하기.
  - 다정한 목소리로 하기.
  - 태명을 잘 활용하기예. 책 주인공 이름을 태명으로 바꾸어 읽기.
- 자연의 소리 많이 들려주기.

3. 후각 태교

- 엄마가 좋아하는 냄새를 맡기건강한 호르몬이 전해지도록.
- 자연의 냄새 맡기.
- 다양한 감성을 갖도록 한 가지 냄새만 맡지 않기.
- 출산 후, 아기가 좋아하는 냄새젖 냄새, 엄마 땀 냄새를 맡게 해주기.

- 집 안을 쾌적하게 유지하기.

4. 촉각 태교

- 임신 12주 무렵: 피부 감각이 어른 수준으로 발달함.
- 피부 감각을 자극하여 뇌 발달에 도움 주기.
- 배 마사지, 리듬에 맞춰 배 두드리기.
- 엄마가 다양한 것 만지며 촉각을 전해 주기.
- 출산 후, 바로 배 위에 얹기.
- 엉덩이를 토닥거리며 안아 주기, 부벼 주기, 보듬어 주기 등의 방법을 활용.
- 아기 수영과 풍욕을 경험하게 하기.

5. 미각 태교

- 식품 본래의 영양소를 그대로 전해 주는 음식 먹기.
- 고지방 음식은 되도록 피하기.
- 아기의 뇌세포가 늘어나는 시기는 출생 후 6개월까지이나 특히 출생 전에 더 많이 분열함.
  - 이 시기에 더욱 조심하여 음식을 섭취하기.

03 태교를 잘하려면 아기와 엄마의 변화 과정을 알아 두렴

To. 배 속의 아기를 궁금해하고 있을 딸에게

처음 아기를 가져 보니 여러모로 힘들지? 이제 곧 몸의 변화도 더 많이 느끼게 되고 그에 따라 힘든 일도 많이 생길 것 같은데……. 말로는 축하한다고 하지만 엄마 역시도 마음속으로 걱정이 많이 되는구나. 물론 나도 그런 과정을 겪긴 했지만, 정작 내 딸이 힘든 과정을 겪는다 생각하니 염려가 떠나질 않네. 그래도 항상 마음을 잘 추스르고 이리저리 태교하느라 노력하는 네 모습을 보면 우리 딸이지만 정말 대단하다고 느낀단다.

그런데 앞으로 남은 기간에 지칠 만한 일, 힘든 일이 더 생길 텐데, 어떻게 하면 잘 이겨 낼 수 있을까? 물론 아기를 사랑하는 마음, 그리고 정신력 하나만으로도 잘 견딜 거라는 생각은 들지만 그래도 이왕이면 부담을 덜 느끼면서 임신 기간을 즐길 수 있다면 좋겠지?

그래서 엄마는 오늘 아기가 태어나기까지 단계별로 어떤 변화가 일어나는지 말해 주고 싶어. 그리고 아기뿐만이 아니라, 네가 겪게 될 정신적, 신체적 변화에 대해서도 알려 주고 싶어. 그런 변화의 양상을 잘 알면 지금부터 일어나는 상황도 당황하지 않고 받아들일 수 있을 테니까. 또 다음에 나타날 현상을 미리 알아 두고 마음을 준비하면, 보다 여유 있게 변화를 받아들일 수도 있겠지?

물론 일어나는 현상은 사람마다 각기 다를 수 있어. 가령 입덧 때문에 고생하는 임산부가 있는가 하면, 입덧을 전혀 경험하지 않고 넘어가는 임산부도 있으니까. 그래서 지금 정리한 내용이 모두에게 공통적으로 적용된다고 말할 수는 없겠지만, 그나마 보편적인 내용이라 생각하고 참고하길 바란다. 특히 어떤 일들이 일어나는지를 아는 것뿐만 아니라, 시기에 따라 어떤 영양을 섭취하면 좋을지에 대해서도 알아 두길 바라고……. 네 건강과 아기의 건강을 위해 지혜롭게 잘 먹는 것도 태교의 중요한 방법일 테니까.

태교를 시작하는 딸에게 전수하는 엄마의 '알짜 정리' 3

임신 초기임신 3개월 아기의 변화

임신 2개월임신 10주까지는 아기가 '배아' 상태였지만, 이후부터는 본격적으로 '태아'라고 할 수 있는 상태로 성장한다. 이때는 배아의 상징이던 꼬리가 완전히 없어지고 대신 다른 부위가 본격적으로 발달한다. 이 시기 태아의 크기는 엄지손가락만 하며, 얼굴 형태가 대략적으로 형성되고 다리는 허벅지와 종아리, 발이 구분된다. 또한 전반적으로 세 등분 즉 머리, 몸통, 다리로 구성된 몸의 형태가 나타나게 된다.

외관뿐 아니라 내장 기관도 발달하여 심장, 간, 비장, 맹장, 생식선 등을 비롯해 뼈와 연골 조직이 형성된다. 따라서 이 시기부터는 성별 구분이 가능하다. 특히 임신 3개월 말이 되면 뇌세포도 거의 완성된다.

한편 움직임도 본격적으로 시작되는데, 아직까지는 손발을 자유자재로 움직일 수 없지만 양수 안에서 몸 전체로 움직이며 수영하는 것은 가능하다. 이와 더불어 촉감도 느낄 수 있게 된다.

◆◆◆

임신 초기 엄마의 변화

이 시기에는 입덧 때문에 고생하는 임산부가 많다. 그리고 변비에 걸리기도 쉬운데 그 이유는 황체 호르몬이 장의 활동을 더디게 만들고 점점 커지는 자궁이 장을 압박하기 때문이다. 그 밖에도 다리가 저리거나 허리 움직임이 불편해질 수 있고 경우에 따라서는 유방이 부을 수도 있다. 또한 정신적으로도 심란한 증세가 본격적으로 나타난다. 조울증처럼 감정의 기복이 심해지는 것이 대표적인 현상이며 경우에 따라서는 알 수 없는 불안감에 시달리기도 한다.

외모적인 부분에서도 기미가 생기거나 피부 트러블이 심해지는 경우가 있는데, 이것은 거의 멜라닌이나 호르몬의 변화에 따른 현상이다. 만약 임신 전에도 피부 트러블로 고생하던 임산부라면 이 시기에 가려움증에 시달릴 수도 있다. 또한 질 분비물이 많아지는데 이것은 질의 세균이 태아에게 감염되는 것을 막기 위한 현상이므로 긍정적으로 생각해야 한다.

무엇보다 이 시기에 가장 조심해야 할 것은 유산이다. 유산 확률이 높은 시기이므로 과격한 운동이나 과도한 일은 피해야 한다. 당연히 영양 섭취에도 주의하고 식사를 가급적 거르지 않아야 한다.

◆◆◆

임신 초기 영양 섭취

태아의 대뇌피질이 두꺼워지고 기억을 저장하는 주름이 깊어지는 시기이므로 뇌의 발달에 도움을 주는 엽산을 충분히 섭취해야 한다. 또한 고단백질을 섭취해야 하는데 이때 섭취한 단백질의 50퍼센트가 태아에게로 간다. 만약 이 시기에 단백질을 제대로 섭취하지 못하면 신체 발육 및 뇌세포 형성에 지장을 준다. 엽산이 풍부한 음식으로는 시금치, 상추, 쑥갓, 콩, 팥 등이 있고 단백질이 풍부한 음식으로는 우유, 호두, 잣, 아몬드, 미나리, 굴, 간 등이 있다. 그 밖에도 임산부의 변비가 심해질 수 있기 때문에 섬유소가 많은 음식을 먹어야 하며 입덧이 심할 경우에는 새콤하거나 차가운 음식을 섭취하는 것이 좋다.

임신 중기4~7개월 아기의 변화

먼저 4개월쯤 되면 태반이 완성된다. 구부러져 있던 등이 점차 펴져서 대략 키 16~18센티미터에 몸무게 160그램 정도로 자라고, 본격적으로 감정을 느끼게 된다. 또한 자궁 밖 소리도 들을 수 있고 빛에도 조금씩 반응하는 등 감각을 느끼는 기능이 발달한다.

5개월째가 되면 태아는 양수 마시기와 뱉기를 시작한다. 이와 더불어 신경 계통이 발달하며 호흡을 위한 폐도 더욱 튼튼해진다. 크기는 약 20~25센티미터, 몸무게는 약 300그램 정도로 성장하며, 태어날 때 산도를 부드럽게 통과할 수 있게 해주는 태지가 피부 표면에 보이기 시작한다.

6개월째에 들어서면 양수의 맛에 반응하기 시작하고 귀가 더욱 발달하여 엄마의 심장 소리를 비롯하여 자궁 밖에서 들리는 모든 소리를 듣게 된다. 때로는 양수에 떠 있다가 물구나무 자세를 취하기도 하며 규칙적으로 호흡하기 시작한다. 이때 체중도 많이 늘어 키는 약 28~30센티미터가 되고 몸무게는 약 600~800그램 정도가 된다.

7개월째가 되면 키는 약 35~38센티미터, 몸무게는 약 1킬로그램으로 성장하여 급격하게 늘어난 자궁 내부에 아기가 꽉 차게 된다. 한편 엄마의 몸으로부터 들어오는 멜라토닌 때문에 뇌에서 명암을 느끼게 되며, 손가락을 빨거나 엄마의 몸 밖에서 나는 소리에 놀라기도 한다. 또한 이 시기에는 눈꺼풀이 갈라져서 눈의 형태가 거의 완성되며 호흡운동도 시작한다.

◆◆◆

임신 중기 엄마의 변화

이 시기에는 배가 더욱 팽창하면서 살 트임이 본격적으로 진행된다. 경우에 따라서는 배뿐 아니라 가슴이나 엉덩이 살이 틀 수도 있는데, 피부가 약한 임산부라면 살 트임이 남지 않도록 튼 살 크림으로 관리해 주어야 한다.

대략 20주 전후에 태동을 처음 느끼며, 이때 초유가 분비되기도 한다. 한편 호르몬이 안정적으로 분비되면서 감정이 차분해진다. 또한 배가 더 많이 나오는 만큼 몸이 무거워지는 것도 본격적으로 느끼게 되는데, 외관뿐이 아니라 내부에서도 자궁이 커짐에 따라 폐가 압박될 수 있다. 따라서 숨이 금방 차며 다리가 쉽게 붓는다.

임신 중기 영양 섭취

20주부터는 빈혈이 심해질 수 있으므로 철분제를 챙겨 먹어야 한다. 또한 태아의 골격 형성에 도움이 되는 칼슘을 충분히 섭취해야 하는데, 이때 단백질 식품과 함께 섭취하면 칼슘이 효과적으로 흡수된다.

이 시기에는 임산부의 식욕이 늘 수 있는데, 골고루 다양하게 먹되 비만이 되지 않도록 조심해야 한다. 특히 염분 섭취를 주의해야 하는

데, 임신 말기로 넘어갈수록 임신 중독증의 위험이 있으므로 이 시기부터는 특별히 짠 음식을 피하는 것이 좋다.

또한 잠을 자도 계속 피곤하며 몸이 부을 수 있는데, 이것은 비타민 B의 부족과 관련이 있다. 그러므로 돼지고기, 현미, 참치, 우유, 오렌지, 말린 콩, 감자 등을 통해 비타민 B를 충분히 섭취하자. 이는 임산부의 피로 회복에 도움이 되며 부종과 신경염, 조산 등을 막아 줄 뿐 아니라 태아의 구강염, 구순염 예방에도 도움이 된다.

◆◆◆

임신 후기8~10개월 아기의 변화

임신 8개월째가 되면 태아의 키는 약 40~43센티미터가 되고 몸무게는 약 1.5~1.8킬로그램이 된다. 이때는 움직임이 보다 과격해져서 자궁 내벽을 차기도 하고 머리를 골반 아래로 향하기도 하는데, 이는 태아가 자궁 밖으로 나갈 준비를 하는 것으로 볼 수 있다. 간혹 거꾸로 자세를 취하는 경우도 있는데 다시 바꿀 시간이 남아 있으므로 걱정하지 않아도 된다. 이때 태아는 눈을 깜빡이기도 하고 초점을 맞추기 시작하며, 엄마의 감정을 보다 잘 알아차리게 된다.

9개월째에 접어들면 키는 약 45센티미터, 몸무게는 2킬로그램 정도가 되고 내장의 기능이 거의 성숙해진다. 특히 36주가 되면 머리가 골반 안쪽으로 들어가는데 이는 분만 위치를 잡는 것이라 할 수 있다. 외형 또한 살이 올라 귀여운 아기의 모습으로 변하며 머리카락도 자란다.

드디어 10개월이 되면 키는 약 50센티미터, 몸무게는 약 3킬로미터로 성장하며 피부도 윤기를 띈다. 그리고 장기의 기능 역시 완성되며 배내털도 많이 빠진다. 장 안에는 검은 태변이 가득 차게 된다.

임신 후기 엄마의 변화

35주가 되면 호흡이 더욱 가쁘고 짧아진다. 자궁이 더욱 팽창하여 명치 끝 부위까지 올라왔기 때문이다. 자궁의 팽창은 호흡뿐 아니라 소화도 방해할 수 있는데, 대표적인 증상으로 위가 쓰리는 현상과 답답함을 느끼는 현상을 들 수 있다. 특히 이때는 자궁이 수축하여 배도 뭉치기 쉽다. 외형적으로는 하복부를 비롯해 유두, 외음부의 색깔이 짙게 변하는데 이것은 분만 후 다시 회복된다.

특히 이 시기에는 임신 호르몬이 뼈 관절을 약하게 할 수 있으므로 인대나 허리 근육이 다치지 않도록 더욱 조심히 움직여야 한다.

실제로 이 시기에 임신으로 늘어난 몸무게는 최소 10킬로미터를 넘기 때문에 거동에 주의를 기울여야만 한다.

정신적으로도 불안할 수 있다. 단순히 분만 날짜가 다가오는 데 따른 염려를 떠나, 이유 없는 짜증, 걱정이 밀려올 수 있다. 그러므로 불편한 감정을 잘 다스리며 출산 날짜를 기다려야 한다.

37주가 되면서부터는 태아가 내려오는 느낌이 더욱 강하게 든다. 그래서 오히려 숨쉬기가 한결 편해질뿐더러 소화도 더 잘될 수 있다. 동시에 호르몬의 영향으로 치골이 아플 수 있는데 이는 태아가 쉽게 나오도록 치골의 결합부가 느슨해지고 있기 때문이다.

임신 후기 영양 섭취

이 시기에는 신장 기능을 돕는 음식을 먹을 필요가 있다. 따라서 엽산과 비타민 K가 풍부한 음식을 먹어야 하는데 양배추, 근대, 시금치 등이 대표적인 음식이다. 한편, 모유 수유에 도움이 될 만한 음식으로는 비타민 B군이 풍부한 곡류가 대표적이다. 또한 콩을 자주 섭취하는 것도 좋은데, 콩에 들어 있는 레시틴은 특히 아기의 뇌와 신경 발달에 도움이 된다.

엄마, 궁금해요!

Q. 아기를 낳은 후 산후조리원에서 모자동실母子同室을 해야 할까요? 약간 힘들 것 같기도 한데 어떻게 하는 게 좋을까요?

A. 모자동실이 좋은 첫 번째 이유는 모유 수유 때문이 아닐까 해. 엄마 젖이 돌려면 일주일 정도의 시간이 필요하거든. 이때 최대한 젖을 자주 물리는 것이 중요한데 모자동실을 하면 아기가 원할 때 곧바로 젖을 먹일 수 있어서 참 좋아. 아기가 신생아실에 있을 경우에는 배고파할 때 바로 젖을 줄 수가 없어서 모유 수유에 차질이 생길 수도 있겠지.

또 모자동실을 하면 아기와 자주 스킨십을 할 수 있잖아. 이건 아기에게도 더없이 좋겠지만 산모인 너에게도 좋은 영향을 미칠 거야. 아기를 자주 안고 있는 산모의 심리 상태가 그렇지 않은 산모에 비해 더 안정적이라는 연구 결과가 많이 나와 있거든. 그래서 몸은 조금 더 피곤하겠지만 오히려 심리적으로 안정이 되어 산후 우울증을 예방할 수 있단다. 거기에다가 아기와의 접촉을 통해 호르몬도 원활히 분비되어 자궁이 더 빨리 회복될 수 있고, 아기 돌보는 것을 일찍 준비함으로써 산후조리원 퇴소 후에 자신감을 갖고 육아할 수 있다는 장점도 있어.

모자동실은 아기와의 애착 형성에 큰 도움이 되기도 해. 아마 애착 형성이 얼마나 중요한지는 익히 들어 왔을 거야. 애착은 정서적 안정과 사회성에 큰 영향을 미치니까. 초기 영아기의 애착 형성이 무엇보다 중요한데, 모자동실을 하면 애착이 더 잘 형성되겠지? 물론 신생아실에 아기를 두고 수시로 찾는 것도 좋겠지만 바로 곁에서 함께 하는 것과는 비교가 되지 않을 거야. 모자동실을 하면 모유를 주는 시간 이외에도 계속 아기에게 말을 걸 수도 있고 안아 주고 만져 줄 수 있으니까. 이처럼 단 한 번뿐인 출산 초기에 이런 기회를 갖는다면 아기에게 특별한 선물을 줄 수 있지 않을까?

딸아, 이것만은 꼭 기억하렴

1. 임신 초기임신 3개월

1) 아기의 변화

- 배아 상태에서 태아 상태가 됨.
- 몸이 세 등분으로 구분되며 대략적인 얼굴 형태 형성, 내장 기관 발달 및 성별 구분 가능.
- 양수에서 수영하는 등 촉감을 느끼는 것이 가능.

2) 엄마의 변화와 영양 섭취

- 입덧, 변비, 감정 기복 심화, 피부 트러블 등.
- 유산을 조심해야 할 시기.
- 태아의 뇌 발달과 발육을 위해 엽산, 단백질 섭취하기.
  : 엽산이 풍부한 음식 – 시금치, 상추, 쑥갓, 콩, 팥 등.
  단백질이 풍부한 음식 – 우유, 호두, 잣, 아몬드, 미나리, 굴, 간 등.

2. 임신 중기4~7개월

1) 아기의 변화

- 4개월째: 감각 기능 발달.
- 5개월째: 신경 계통, 폐 발달.
- 6개월째: 자궁 밖 모든 소리를 듣게 됨.
- 7개월째: 자궁 내부에 꽉 찰 정도로 커지고 눈 형태 완성.

2) 엄마의 변화와 영양 섭취

- 살 트임 진행, 태동을 느낌대략 20주 전후, 초유 분비.
- 철분제, 칼슘 챙겨 먹기.
- 비타민 B 섭취: 부종과 신경염, 조산, 태아의 구강염, 구순염 예방.

3. 임신 후기8~10개월

1) 아기의 변화

- 8개월째: 움직임이 커지며, 초점 맞추기 시작.
- 9개월째: 내장의 기능이 거의 성숙해짐.
- 10개월째: 장기의 기능 완성, 나갈 준비 시작.

2) 엄마의 변화와 영양 섭취

- 배 뭉침, 숨 가쁨, 뼈 관절 약화.
- 엽산과 비타민 K가 풍부한 음식 먹기: 양배추, 근대, 시금치 등.
- 비타민 B군곡류 등과 콩류 섭취.

2장

분만이 가까워 오는 딸에게

04 힘을 잘 주기 위한 리허설이 필요하단다

To. 임신 36주차에 들어선 딸에게

엄마는 요즘 달력을 볼 때마다 가슴이 뛴단다. 한 달 후면 우리 딸이 출산한다니 실감이 잘 나지 않는구나. 무척 설레면서도 한편으로는 네가 잘 견딜 수 있을지 걱정이 밀려오기도 해. 충분히 잘해 낼 거라 믿어 의심치 않지만, 자식 걱정은 세상 모든 엄마의 주특기잖니.

이 시점에서 엄마가 네게 꼭 해주고 싶은 이야기가 있어. 출산 예정일까지 이제 4주 정도를 남겨 두고 있는데, 사실 지금부터 본격적으로 아기를 낳을 연습과 준비를 해야 한단다. 아기 용품을 미리 사두고, 출산 가방을 잘 싸두라는 이야기가 아니야. 그건 우리 똑똑한 딸이 엄마보다 잘할 거라 믿어. 엄마가 지금 해주고 싶은 이야기는 분만을 위해서도 리허설이 필요하다는 거야. 공연도 아니고 '출산을 앞둔 마당에 웬 리허설?'이라고 생각할 수도 있을 거야. 그런데 출산만큼 리허설이 중요한 행사도 없단다. 리허설을 하느냐 마느냐, 그리고 어떻게 리허설을 하느냐에 따라 출산의 수월함이 결정될 수 있으니까 말이야.

문득 우리 딸이 예쁘게 차려 입고 리허설을 하던 모습들이 머릿속에 떠오르는구나. 꼬꼬마 때 화려한 공주 드레스를 입고 재롱잔치 준비하던 때도 생각나고, 대학 시절 열심히 준비한 공연을 앞두고 리허설을 하던 때도 생각나고. 어디 그뿐이겠니? 2년 전에 결혼식 리허설을 하던 모습은 지금도 눈에 선하다. 아마 너 역시 그때의 기억들이 아직까지 생생하게 남았으리라 생각해.

이렇게 삶의 중요한 행사마다 리허설이 꼭 필요했던 것처럼 출산 과정도 마찬가지야. 처음 맞는 인생의 큰 행사라는 점에서 다른 어떤 일보다도 더 리허설이 필요하지 않을까? 그래서 엄마가 분만 리허설에 관련된 내용을 정리해 봤단다. 이 내용을 꼭 참고하고 실행해 봤으면 좋겠구나. 첫 번째로 엄마가 정리해 본 내용은 힘을 주는 데에 도움이 될 만한 리허설 방법이란다.

분만을 앞둔 딸에게 전수하는 엄마의 '알짜 정리' 1

힘을 잘 주려면 연습이 필요하다

출산 장면을 떠올려 보라고 하면 대부분 분만대에서 고통스럽게 힘주는 임산부를 연상하는데, 이런 이미지가 출산을 앞둔 예비 엄마들을 더욱 두렵게 한다. 물론 출산이 힘들고 아픈 것은 사실이지만, 그 고통을 줄일 방법은 분명히 있다. 바로 '예행연습'이다. 출산을 맞기 전에 평소 힘주기 리허설을 해두면 훨씬 덜 고통스럽게 출산할 수 있다. 이 힘주기 리허설은 임신 36주차부터 진행하는 것이 좋다.

힘주기 리허설을 꾸준히 한 임산부들은 실제로 이 연습이 분만 때 큰 도움이 되었다고 증언한다. 분만실에 들어가 두렵고 정신이 없을 때 자연스럽게 그동안 연습했던 방법이 생각나 분만을 잘하게 되는 것이다. 더 나아가 이렇게 분만을 수월하게 하니 나중에 수유도 잘돼서 완모에 유리했다는 산모들도 있다.

혼자서 하는 리허설 1 - 태아 하강 운동

그렇다면 힘을 잘 주기 위한 리허설에는 어떤 것들이 있을까? 먼저 임산부가 혼자 할 수 있는 운동 중 대표적인 것으로 서서 하는 태아 하강 운동이 있다. 이 운동은 본격적으로 분만을 위해 힘을 주는 연습이라기보다 자연스럽게 힘을 주며 골반을 넓혀 아기가 하강하는 것을 돕는 데 목적이 있다. 이 운동은 시간을 내서 따로 해도 좋지만 일상 속에서 자연스럽게 틈틈이 하는 게 효과적이다. 가령 설거지할 때 싱크대를 잡고 앉았다 일어나는 등 일상적인 동작에 운동을 접목하면 크게 힘을 들이지 않고도 꾸준히 할 수 있다.

구체적인 방법은 두 손으로 싱크대나 의자 등을 잡고 숨을 들이마시고 내쉬면서 앉았다 일어났다를 반복하는 것이다. 이때 숨을 들이마시면서 일어나고, 내쉬면서 앉는다. 만약 배가 나와서 싱크대나 의자를 앞으로 잡고 앉기가 힘들다면 뒤로 돌아선 자세로 운동할 수도 있다. 하루에 20세트씩 3회 정도 꾸준히 하면 효과를 얻을 수 있다.

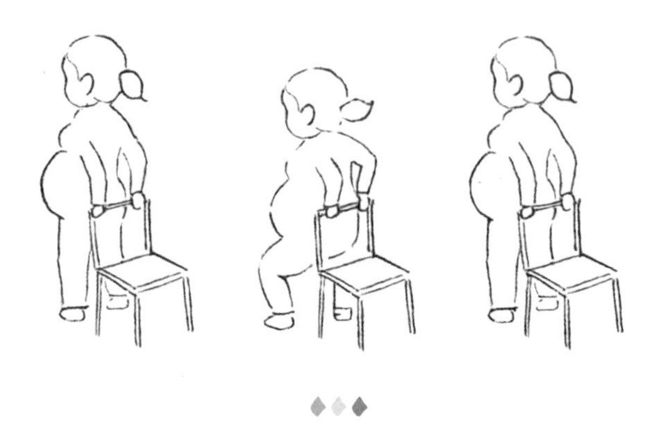

◆◆◆

혼자서 하는 리허설 2 - 누워서 벽 보고 연습하기

다음으로는 본격적인 힘주기 연습을 해보자. 누워서 벽을 보고 하는 운동인데 이때 베개를 높이 하는 것이 좋다. 먼저 벽 가까이 누워서 다리를 벌린 상태로 양쪽 발바닥을 벽에 붙인다. 손은 배 위에 올려놓고 머리를 들어 배꼽을 쳐다보며 힘을 준다. 이 동작에서 절대 허리가 들려서는 안 된다. 즉, 허리는 바닥에 딱 붙인 상태에서 항문만 살짝 든다는 느낌으로 해야 한다. 그 상태에서 숨을 들이마시고 "하나, 둘, 셋, 넷, 다섯, 여섯, 일곱, 여덟, 아홉, 열"을 센 후 잠시 쉬고 다시 힘을 주며 "하나, 둘, 셋, 넷, 다섯"을 센 후 이완하는 방식으로 연습한다. 생각보다 힘든 동작이므로 너무 무리하지 않도록 한다.

◆◆◆

남편과 함께하는 리허설 1 – 백허그 상태에서 연습하기

적어도 36주부터는 짬을 내서 남편과 함께 분만 리허설을 해보는 것이 심리적으로도 큰 도움이 된다. 특히 분만실에 들어가서도 어느 정도 걸을 수 있을 때는 이 방법을 기억해 남편과 같이 연습하자.

첫 번째는 남편이 백허그를 하는 것이다. 그 상태에서 곧 태어날 아기를 기다리며 행복한 미래를 그려 보고, 신혼여행에서 있었던 일이나 연애 시절 좋았던 추억 등을 도란도란 이야기하며 집 안을 걸어 다닌다. 그러다가 진통이 온다고 상상하고, 아기에게 산소를 공급해 주기 위해 숨을 들이마시고 내쉬기를 하면 되는데, 이때 남편의 배가 임산부의 허리를 받쳐 주어야 한다. 즉, 임산부와 남편이 숨을 들이마실 때 같이 배가 나오고, 숨을 내쉴 때 같이 배가 들어가야 한다.

◆◆◆

남편과 함께하는 리허설 2 - 쭈그리고 앉아 연습하기

두 번째는 쭈그려 앉는 자세이다. 남편은 소파에 앉고, 임산부는 그 앞에서 남편을 등진 채로 쭈그리고 앉는다. 마치 화장실에서 쭈그리고 앉는 것처럼 자세를 취해야 하는데, 이때도 골반을 넓혀야 하며 고개는 숙이고 눈은 배꼽을 쳐다보면서 숨을 들이마시고 힘을 주면 된다. 그리고 진통이 오는 것을 상상하며 "하나, 둘, 셋, 넷, 다서, 여섯, 일곱, 여덟, 아홉, 열" 이렇게 열을 센 후 잠시 쉬고, 다시 배꼽을 쳐다보며 숨을 들이마시고 다섯까지 센다.

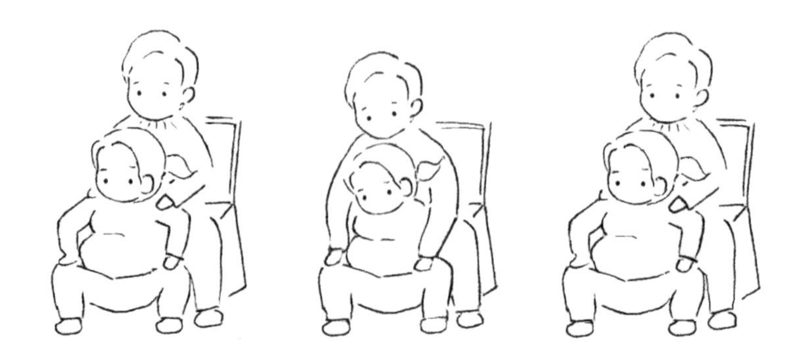

조금 더 쉽게 설명하자면 대변보듯이 항문에 힘을 주면 된다. 골반을 벌리고 지독한 변비에 걸렸다고 생각하며 힘을 주는 것이다. 그리고 나중에 실제 분만 직전에는, 진통이 없을 때 힘을 주는 것이 아니라 진통이 오면 힘을 줘야 한다. 자궁문이 10센티미터 열리면 힘이 저절로 들어가게 되는데, 만약 평소에 연습을 잘 해두었으면 이때 효과적으로 힘을 줄 수 있다. 그래서 보통 1시간 미만에서 아기를 낳아야 하는데 힘주기를 잘하면 30분 안에도 낳을 수 있다.

남편과 함께하는 리허설 3 – 누워서 연습하기

세 번째로 누워서 남편과 함께 연습하는 방법이 있다. 이는 특히 실전 상황과 직결되는 리허설이라 할 수 있으므로 나중에 진통이 올 때 이 동작을 취해야 한다고 생각하면서 연습해 두자.

먼저 남편이 임산부의 머리와 한쪽 다리를 받치고무릎 뒤쪽으로 팔을 넣기 임산부는 바닥에 누운 상태에서 머리를 들고 배꼽을 쳐다본다. 이렇게 머리를 들고 배꼽을 쳐다보는 것은 아기가 나오는 길을 쉽게 만들어 주기 위함이다. 이때도 다리를 벌려야 하는데, 진통이 없을 때는 이완 상태로 있다가 진통이 오면 골반을 벌리면서 숨을 들이마시고 “하나, 둘, 셋, 넷, 다섯, 여섯, 일곱, 여덟, 아홉, 열”, 다시 “하나, 둘, 셋, 넷, 다섯”을 세며 힘을 주어야 한다.

진통이 오면 몸을 웅크리기 쉬운데 그런 자세에서는 아기가 나오기 어렵다. 그러므로 반드시 골반을 벌린 상태로 힘주기 연습을 하고, 진통이 사라지면 바로 힘 빼는 연습을 해야 한다. 또한 남편이 머리를 받쳐 주면 임산부가 허리를 바닥에 붙인 상태에서 항문 쪽을 잘 들 수 있어 분만에 도움이 된다. 진통이 오고 힘을 줄 때 허리가 많이 아프기 때문에 자꾸 허리를 들려고 하는데 이에 대비해 미리 연습한다면 실전에서 허리를 더 잘 붙일 수 있게 된다. 그렇게 진통이 오면 힘주며 열까지 세고, 잠깐 쉬고 다시 다섯까지 세면서 힘을 주다가 진통이 없어지면 완전히 이완하는 것을 반복한다.

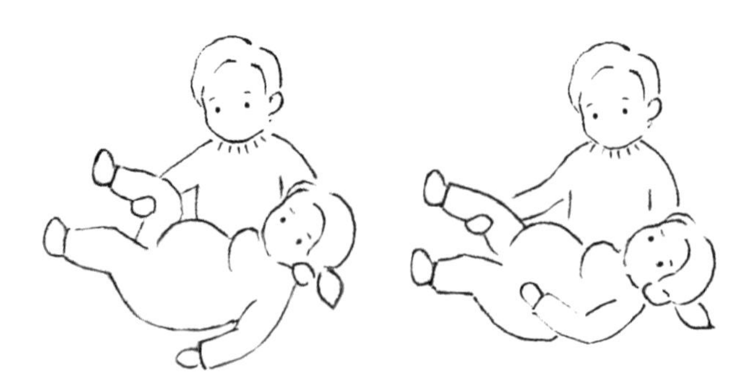

◆◆◆

실전을 위한 팁

참고로 분만실에 남편이 들어올 수 있도록 미리 요청하면 남편이 임산부의 머리를 받쳐 줄 수 있지만 발을 눌러 줄 사람은 없다. 분만실에 들어가면 다리를 벌린 상태에서 가죽 벨트로 발을 묶어 고정하므로 쇠로 된 손잡이를 붙잡고 요령껏 힘을 주면 된다.

그리고 진통이 사라졌을 때는 힘을 줘도 소용이 없음을 꼭 기억하자. 그때는 몸을 이완하고 다음 진통을 기다려야 한다. 열심히 힘을 주면 금방 아기가 나올 것으로 생각하고 아무 때나 힘을 준다면 자궁문만 퉁퉁 부을 수 있다. 진통이 올 때 그 진통을 이용해서 아기를 하강시키고 힘을 주어서 아기를 낳으면 된다.

또한 힘을 줄 때 얼굴에 힘이 들어가면 안 되고, 변비 걸렸을 때 힘을 주듯이 항문에 힘을 주어야 한다. 얼굴에 힘을 주면 얼굴이 울긋불긋하게 실핏줄이 터지거나 눈동자의 실핏줄이 터질 수 있다.

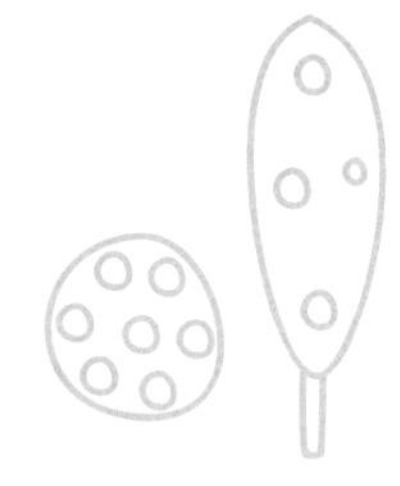

엄마, 궁금해요!

Q. 힘주기에 대해 듣고 나니, 문득 자연주의 출산이 궁금해졌어요. 자연주의 출산은 어떻게 생각하세요?

A. 자연주의 출산이라고 하면 자연분만을 떠올릴 수도 있을 거야. 물론 산도를 통해 출산한다는 점에서 자연분만과 자연주의 출산을 같은 범주의 출산 방법으로 보는 것도 틀리진 않겠지. 하지만 출산 과정에 차이가 있어 용어를 구분해 사용해야 해.

자연주의 출산은 자연분만과 달리 회음부를 절개하지 않고 의료적인 개입을 최소화한 채 되도록 자연 그대로의 방식으로 출산을 시도하는 거야. 당연히 촉진제나 무통주사 등도 따로 권하지 않고……. 특히 출산 전 임산부들이 부담스러워하는 제모나 관장, 내진 과정도 거치지 않아.

그러다 보니 옆에서 돕는 역할이 중요하겠지? 그래서 자연주의 출산에 대한 관심이 높아진 이후로 자연주의 출산을 시행하는 병원이 많아졌고, 그만큼 시설도 매우 좋아졌어. 아무튼 이전과 달리 의료적인 시스템 안에서

보다 안전하게 자연주의 출산을 선택할 수 있는 기회가 많아졌다는 점은 임산부들에게는 좋은 소식이라고 생각해.

또한 이런 병원은 분만대는 없지만 집을 연상하게 하는 편안한 환경에서 출산하도록 도와주기 때문에 분만 직전의 두려움을 줄여 주는 장점도 있어. 긴 출산 과정 동안 마음을 안정시키는 데에 많은 도움이 된다고나 할까? 임산부에게 정서적으로 안정감을 갖게 하고 곧 태어날 아기도 잘 적응할 수 있도록 조명의 밝기도 은은하게 맞춰 주는 등 세심한 배려를 제공한단다. 그러니 자연주의 출산에 대해서도 긍정적으로 생각해 보면 좋을 거야.

딸아, 이것만은
꼭 기억하렴

1. 혼자서 하는 리허설

1) 서서 하는 운동

- 다리를 벌리고 서서 싱크대나 의자를 잡기.
- 숨을 내쉬면서 앉고, 들이마시면서 일어나기.
- 하루에 20세트씩 3회.

2) 누워서 벽을 보고 하는 운동

- 베개를 높이 한 상태에서 바닥에 누워 벽에 양쪽 발바닥을 대기벽을 밀어낸다는 느낌으로.
- 손은 배 위에 올려놓고 머리를 들어서 배꼽을 쳐다보며 힘주기.
- 허리는 바닥에 딱 붙인 상태에서 항문만 살짝 들기.
- 숨을 들이마시고 열, 다섯씩 세면서 힘주기.

2. 남편과 함께 하는 리허설

1) 백허그 상태에서 연습

- 남편이 백허그 한 상태에서 진통이 온다고 상상하며

숨을 들이마시고 내쉬기.

- 남편의 배가 임산부의 허리를 받쳐 주기.
- 숨을 들이마실 때는 같이 배가 나오고, 숨을 내쉴 때는 같이 배가 들어가게 하기.

2) 소파에서 연습

- 남편은 소파에 앉고, 임산부는 남편을 등진 채 쭈그려 앉기.
- 골반을 넓히고 고개는 숙이고 눈은 배꼽을 쳐다보며 힘주기.
- 진통이 오는 것을 상상하며 숨 들이마시고 열, 다섯씩 세면서 힘주기.

3) 누워서 연습

- 바닥에 누운 상태에서 허리를 바닥에 붙이고 다리 벌리기.
- 남편이 임산부의 머리와 한쪽 다리를 받치기.
- 머리를 들고 배꼽을 쳐다보며 힘주기.
- 진통이 오는 것을 상상하며 골반 벌리면서 숨 들이마시고 열, 다섯씩 세면서 힘주기.

05 진통 경감을 위한 리허설이 필요하단다

To. 순산을 기대하는 딸에게

우리 딸의 출산일이 하루하루 다가오고 있구나. 예쁜 손주를 만날 날이 가까워진다는 기대감과 함께 분만실에서의 고통을 미리 염려하는 너에 대한 걱정이 뒤섞여서일까? 엄마도 요즘 마음이 싱숭생숭해. 하지만 지난번 편지에서도 말했듯이 차근차근 리허설을 해나간다면 실전에서도 분명 잘 이겨 낼 수 있으리라 믿어.

그래서 오늘도 어떻게 리허설을 하면 좋을지 엄마가 정리를 좀 해 보았단다. 이번엔 진통을 이겨 내기 위한 리허설이야. '진통은 어쩔 수 없이 감내해야 하는 것 아닌가?' 하는 생각이 들겠지만 진통도 피할 수 있는 길이 있단다. 물론 생명을 낳는 일에 고통이 전혀 없을 수는 없겠지만, 경감시킬 수 있는 팁은 분명히 있어. 다만 그것이 유효하려면 리허설을 꼼꼼히 해봐야겠지?

특히 출산의 진통은 예측 가능한 것이 아니어서 충분한 대비가 필요해. 정확한 예정일에 꼭 진통이 오는 것도 아니고 더 일찍 오거나 늦게 올 수도 있거든. 그래서 막상 닥치면 십중팔구 당황하기 마련이야. 엄마도 너를 낳았을 때 그랬단다. 하지만 그 상황을 미리 예상해보고 연습해 두면 실전에서 오히려 '올 것이 왔군' 하면서 보다 침착하게 진통에 대처할 수 있을 거야.

그리고 한 가지 더 중요한 점은, 진통을 이겨 내는 리허설의 효과가 단지 분만의 고통을 줄이는 데서 그치지 않는다는 거야. 진통을 경감시키기 위한 호흡 조절 등을 미리 연습해 두면 분만 시 힘주기도 원활해져서 결과적으로 아기가 빨리 세상 밖으로 나오는 데에도 도움이 되거든.

그러니까 바쁘더라도 엄마가 정리한 이 리허설 방법을 꼭 읽고 연습해 보렴. 특히 네 인생에서 그 무엇보다 중요한 순간인 만큼, 다른 어떤 일을 앞뒀을 때보다 더욱 열심히, 더욱 신중히 리허설을 해보길 바란다. 우리 딸, 조금만 더 힘 내!

분만을 앞둔 딸에게 전수하는 엄마의 '알짜 정리' 2

진통을 이겨 내기 위한 리허설이 필요하다

진통을 다스리기 위한 리허설의 핵심은 '호흡법'을 익히는 것이다. 제대로 익힌 호흡법은 출산 진통 시 몸과 마음에 여유를 주고, 배나 몸의 근육에 무리하게 힘이 들어가는 것을 막으며, 태아에게 산소를 충분히 공급해 주는 효과가 있다. 우선 이 호흡은 임신 말기에 집중적으로 연습하는 것이 좋다. 그리고 숨을 들이마시는 것보다 내뱉는 것에 정신을 집중해야 훨씬 더 수월하게 연습할 수 있다.

그런데 호흡법의 종류가 꽤 다양해서 자칫 혼동하여 그 효과를 저하시키는 경우가 많다. 그러므로 어설프게 들었던 내용을 가지고 어떻게 적용해야 할지 고민하지 말자. 다른 사람이 좋다고 권유하는 호흡법을 그대로 따르기보다 자신에게 맞는 호흡법 하나를 찾아 제대로 숙지하는 것이 좋다. 분명 출산에 임했을 때의 호흡은 진통의 진행 정도에 따라, 임산부의 성향에 따라 조금씩 차이가 있다. 이런 까닭에 자신이 상황에 맞게 호흡법을 잘 활용할 수 있도록 분명하게 리허설을 해둘 필요가 있다.

한편 호흡을 하면서도 무조건 배운 호흡법에 따르려고 애를 쓰는 경우가 있는데, 이런 모습 역시 지양해야 한다. 가령 진통이 너무 심해 연습하던 대로 호흡할 수가 없다면 차라리 자기 편한 대로 숨을 쉬는 것이 나을 수 있다. 숨쉬기 때문에 스트레스를 받으면 오히려 역효과를 가져오기 때문이다. 임산부 자신의 몸을 가장 편안하게 유지하는 것이 어떤 호흡법보다 중요하다. 또한 진통을 참을 수 있을 때까지는 가능하면 호흡법대로 하지 말고 일반 호흡을 유지하는 편이 나을 수 있다.

호흡법 자체에 너무 집중하면 오히려 임산부의 체력을 소모시킬 수 있기 때문에 일단 진통이 지나가면 호흡법을 중단하고 몸을 편하게 해야 한다. 진통이 심하지 않은데도 호흡법을 계속하는 것은 별로 의미가 없다.

◆◆◆

진통에 대한 기본적인 이해

분만은 진통이 올 때만 진행된다. 곧 진통이 없으면 분만이 불가능하다. 왜냐하면 진통이 왔을 때 아기가 하강하고 자궁문도 열리기 때문이다. 이것은 '진통이 없을 때는 분만도 잠시 쉬고 있음'을 의미하기도 한다. 이런 차원에서 진통을 겪는 것은 분만에 있어 당연한 일일 수밖에 없다. 하지만 얼마나 덜 아프게 진통을 겪고 출산할 수 있는지는 임산부 자신의 선택에 달렸다.

우선 진통은 지속적으로 오는 것이 아니라 '오는 시간'과 '쉬는 시간'이 번갈아 찾아오는데, 실제로 진통이 임했을 때 유지되는 시간은 길어야 50초 정도이며, 이후 3~4분 정도 쉬는 것이 일반적이다. 그러므로 이 쉬는 시간에는 굳이 누워 있지만 말고 태아 하강 운동을 위해 분만실 안을 돌아다니는 것이 좋다.

참고로 초산일 경우, 전체 진통이 이어지는 시간은 8~10시간 이상인 경우가 많다. 그 긴 시간을 고통 속에서만 보낼 수 없으므로 진통을 겪되 고통을 최대한 분산시켜야 한다. 안타깝게도 대부분의 임산부는 아무 대책 없이 진통을 고스란히 당하곤 한다.

하지만 리허설을 하게 되면 진통의 시간을 짧게 할 수도 또한 고통을 분산시킬 수도 있다. 특히 진통을 분산시키는 방법은 여러 가지가 있으므로 이것을 충분히 연습하여 실전에서 활용하면 도움이 된다. 가령 진통이 5~6시간 동안 이어진다고 할 때, 한 가지 방법만 사용하면 지루하고 힘들 수 있지만 여러 가지를 번갈아 가며 활용하면 훨씬 수월하게 진통의 시간을 보낼 수 있다.

◆◆◆

아기에게 산소를 공급하기 위해

진통이 올 때는 자궁 압박이 굉장히 심하다. 마치 차돌처럼 땡글땡글해진다고 보면 된다. 문제는 이때 임산부만이 아니라 아기도 굉장히 힘들어진다는 사실이다. 가령 임산부가 정신을 안 차리고 아프다고 소리만 지르면 아기는 산소 공급을 받기 어렵다. 따라서 최대한 임산부가 정신을 차리고 산소 호흡을 충분히 해야, 진통이 왔을 때 아기가 실제적으로 산소를 공급받을 수 있다.

실제로 진통이 왔을 때 모니터상으로 아기 심박동이 뚝뚝 떨어져야 하고, 진통이 가면 아기의 심박동도 다시 회복되어야 한다. 그래서 그래프가 물결을 그리듯 굴곡이 이루어져야 정상이다. 그런데 진통이 왔을 때 임산부가 소리만 지르게 되면 진통이 갔는데도 아기의 심박동이 계속 떨어지고 회복이 잘 안 될 수 있다. 그러면 결국 수술로 넘어가야 한다.

그러므로 아기에게 산소를 제대로 공급해 주기 위해서라도 진통에 올바로 대응해야 한다. 곧 산소를 공급하기 위한 호흡을 해야 한다. 특히 소리를 지르는 것은 백해무익하므로, 최대한 소리를 지르지 않으려면 진통을 분산하는 훈련을 잘해야 한다.

◆◆◆

소프롤로지 호흡법복식 호흡법

특정 클래스 등에서 라마즈 호흡법을 배웠던 임산부라면 배운 대로 그 호흡법을 계속 연습하면 된다. 하지만 특별한 호흡법을 연습해 보지 않은 경우라면 소프롤로지 호흡법을 권한다. 라마즈 호흡법은 흉식 호흡으로 고도의 훈련이 필요하기 때문이다. 즉, 훈련을 잘 받아서 능숙하게 하면 효과가 아주 좋지만, 제대로 하지 못하면 과호흡이 되어 오히려 아기 상태가 나빠질 수 있다. 따라서 자신 있는 호흡법이 따로 없다면 상대적으로 쉬운 소프롤로지 호흡법을 알아 두는 편이 좋다.

소프롤로지 호흡법은 복식 호흡으로, 맨바닥에 정자세로 앉거나 소파에 편하게 앉아 TV를 보면서도 연습할 수 있다. 언제 어디서나 쉽게 연습할 수 있으니 분만실에 들어가기 전까지 틈틈이 연습하도록 하자. 이때 짐볼을 이용하면 더 효과적이지만, 없으면 의자에 앉아서도 충분한 효과를 볼 수 있다. 평소에 짐볼로 연습했다면 분만실에 가지고 가서 연습해도 좋다.

짐볼이나 의자에 앉은 상태에서 손을 무릎이나 배에 올리고 최대한 편한 자세로 호흡하면 되는데, 여기서 중요한 것은 골반을 넓히고 넓적다리를 벌려서 앉는 것이다.

이 자세에서 복식 호흡을 하면 되는데 숨을 들이마실 때 어깨로 하지 말고, 맹꽁이배처럼 배가 나오게 해야 한다지금 나온 배보다 더 많이 나와야 한다고 생각하자. 그다음 자신의 배꼽을 등에 달라붙게 한다는 생각으로 깊게 숨을 내쉰다. 다시 숨을 들이마셨다가 내쉬었다가를 반복하면 된다. 이때는 구부정한 자세로 호흡하면 안 되고, 반드시 허리와 등을 펴서 바른 자세로 해야 한다.

이와 같이 배로 숨을 들이마시고 내쉬는 연습을 하루에 20세트씩 3회, 아침 점심 저녁에 밥 먹듯이 한다면 분명 큰 효과가 있을 것이다.

라마즈 호흡법흉식 호흡법

라마즈 호흡법의 주된 목적은 진통 및 분만의 고통을 경감시키고 분만이 보다 즐겁고 좋은 추억이 되게 하는 데 있다. 그래서 호흡법 및 이완법, 연상법을 이용하여 진통에 대한 감각을 완화시키는 데에 집중한다. 그런데 앞서 언급했듯, 라마즈 호흡법은 매우 복잡하고 심도 있는 훈련을 요하므로 여기서 그 방법을 다루지는 않겠다.

◆◆◆

짐볼을 활용한 진통 경감 운동

앞서 짐볼을 이용해서 연습하는 것이 효과적이라고 설명한 바 있는데 이 방법을 구체적으로 살펴보도록 하자.

우선 골반을 벌린 상태로 짐볼에 앉아 몸을 위아래로 움직여 진동을 주면서rocking 고통이 올 때 분산시키는 연습을 해본다. 즉, 짐볼에 앉아서 태아 하강 운동을 하는 것이다.

만약 이 방법이 힘들고 지루하면, 바닥에 다리를 벌린 상태에서 무릎을 꿇고 짐볼 위에 엎드린 자세를 취해 본다. 그렇게 한 후에 몸을 좌우로 흔들어 준다. 짐볼이 없을 경우 의자나 침대 프레임을 잡은 상태에서 다리를 벌리고 기대는 방법도 있다. 이렇게 기댄 상태에서 몸을 좌우로 흔들어 주고 이를 통해 진통에 집중하지 말고 분산시킨다. 그러면서 아기에게 이야기해 준다. "그래, 그래. 진통이 올 때마다 우리 아기는 엄마보다 열 배는 더 힘들다며? 엄마랑 잘 참아서 내년 이때쯤엔 우리 어디 가서 재밌게 놀자."

참고로 진통이 올 때 누워 있는 것은 진통의 진행을 방해하므로 좋지 않으며, 오히려 엎드려 있으면 진행이 더 잘된다.

◆◆◆

남편과 함께하는 진통 경감 운동

남편이 있을 때는 남편의 도움을 받는다. 진통이 와서 고통스러울 때 남편을 의자에 앉히고 임산부는 무릎을 꿇고 다리를 벌린 상태에서 남편의 품에 엎드린다. 그러면서 몸을 좌우로 흔든다.

만약 이렇게 흔드는 것도 귀찮고 힘들다면 남편의 마사지를 통해서 진통을 경감시키도록 한다. 이때 자세는 조금 전과 똑같이 남편은 의자에 앉아 있고 임산부는 남편 품에 엎드린다. 그런 다음 남편이 손바닥 끝손목과 연결된 부분을 이용해서 허리와 등의 아픈 부위를 꾹 눌러 준다. 그렇게 아픈 부위를 쓰다듬어 주면서 꾹꾹 눌러 주면 시원함을 느낄 수 있다. 분만 시 특히 허리가 가장 많이 틀어지기 때문에 허리를 중심으로 꾹꾹 눌러 달라고 한다. 짐볼을 끌어안은 상태짐볼 위에 엎드린 상태에서 마사지해 달라고 부탁해도 좋다.

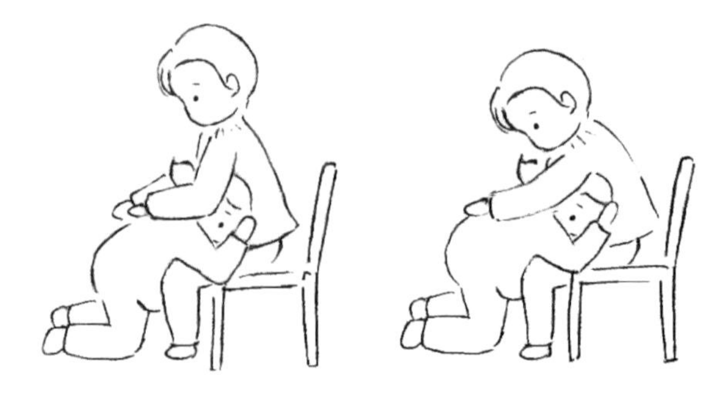

이와 같은 방법이 실전에서 활용되도록 출산 전에 남편은 소파에 앉은 상태에서 마사지하는 것을 미리 연습하도록 한다.

이와 더불어 사전에 남편과 함께 하루에 10분씩 태아 하강 운동과 복식 호흡을 하면 유익하다. 그러다가 실전에서 이 방법을 그대로 활용하는데, 이때 남편은 임산부를 격려하며 임산부가 마음을 편안하게 가질 수 있도록 백허그한 상태에서 즐거웠던 이야기 등을 해주는 것이 좋다. 그러다가 다시 진통이 오면 남편도 그 진통을 같이 느끼고 함께 숨을 들이마시고 내쉬는 호흡을 한다.

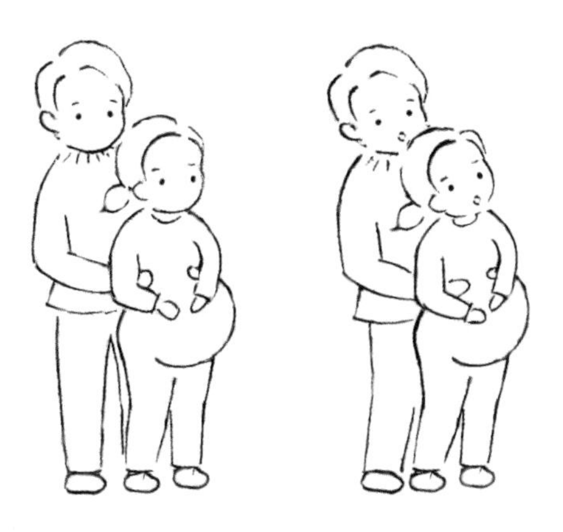

엄마, 궁금해요!

Q. 요새는 무통 주사를 많이 맞는다고 하는데, 맞아도 될까요?

A. 최근에는 분만할 때 무통 주사를 맞는 경우가 많다고 들었어. 사실 예전에는 그런 게 없었는데 요즘은 보편화되고 있는 거지. 그러나 아무리 보편화가 되고 있어도 맞아도 되냐, 아니냐에 대한 걱정이 많을 거야.

일단 참고로 말하자면, 무통 주사는 처음부터 맞는 것이 아니라 자궁이 4~5센티미터 열렸을 때 맞아. 그리고 효과를 보는 사람도 있지만 그렇지 않은 경우도 있어. 또 고통 없이 아기를 낳는 산모들도 많다고 하고……. 그러니 무조건 좋다, 아니다를 떠나 경우의 수를 고려해야 해.

문제는 무통 주사를 맞으면 감각이 없어서 힘을 못 주는 경우가 있다는 거야. 그래서 의료진이 위에 올라타서 힘을 주도록 돕는 경우가 생기기도 하고, 더 심각하게는 결국 힘을 못 줘서 수술로 넘어가는 경우도 있어. 이처럼 아기가 저절로 내려오고 자궁문이 다 열렸는데 정작 마지막에 힘을 못 주어 문제가 될 수 있는 거지.

물론 진통이 너무 심각할 때 무통 주사를 맞는 것에 대해서는 찬성이야. 하지만 이왕이면 복식 호흡과 같은 분만 리허설을 잘해 두어서 무통 주사 없이도 아기를 낳을 수 있다면 가장 좋겠지? 무엇보다 무통이나 감통은 기분 좋은 생각을 통해서 접근하는 것이 가장 좋으니까. 그러니 정 힘들면 맞아야겠지만, 그게 아니라면 기분 좋고 즐거운 생각을 해서 진통을 완화시키는 연습을 해보렴.

딸아, 이것만은
꼭 기억하렴

1. 진통에 대한 이해

- 분만은 진통이 올 때만 진행.
- 진통은 '오는 시간'과 '쉬는 시간'이 반복됨길어야 50초 정도 진통, 나머지는 쉬는 시간.
- 진통이 쉬는 시간에는 누워 있지만 말고 태아 하강 운동을 위해 분만실 안을 돌아다니기.
- 엄마가 소리만 지르면 아기는 산소를 공급받기 어려움.
- 진통을 분산하는 훈련을 해야 함.

2. 호흡법

1) **소프롤로지 호흡법**복식 호흡법

- 맨바닥에 정자세로 앉거나 소파에 골반 벌리고 앉기.
- 앉은 상태에서 손을 무릎이나 배에 올리기.
- 숨을 들이마실 때 배가 맹꽁이배처럼 나와야 함.
- 배꼽이 등에 붙게 한다는 생각으로 숨을 내쉬기.
- 하루에 20세트씩 3회 하기.

2) 라마즈 호흡법흉식 호흡법

- 라마즈 호흡법은 제대로 못하면 과호흡이 되어 문제가 될 수 있으므로 보다 신중히 활용해야 함.

3. 진통 경감을 위한 운동

1) 짐볼을 활용한 진통 경감 운동

- 방법 1: 골반을 벌린 상태에서 앉아 위아래로 움직이며rocking 진통을 분산시킨다고 생각하기.
- 방법 2: 바닥에 다리를 벌린 상태에서 무릎을 꿇고 짐볼 위에 엎드린 자세를 취하고 좌우로 흔들기.
- 방법 3: 짐볼이 없으면 의자 등을 잡고 다리를 벌려 기댄 후 좌우로 흔들기.

2) 남편과 함께하는 진통 경감 운동

- 방법 1: 남편은 의자에 앉고 임산부는 무릎을 꿇기. 다리를 벌린 상태에서 남편의 품에 엎드린 후 소프롤로지 호흡.
- 방법 2: 남편이 마사지해 주기. 자세는 방법 1과 같으며 남편이 손바닥 끝으로 임산부의 허리와 등의 아픈 부위를 꾹 눌러 주기.
- 방법 3: 남편과 태아 하강 운동과 복식 호흡을 같이 하기백허그 상태에서.

06 디데이Delivery day를 위해 분만 과정을 미리 알아 두자

To. 분만을 코앞에 둔 딸에게

드디어 며칠 후면 출산예정일이구나. 처음 아기를 가져서 기뻐할 때가 엊그제 같은데 벌써 이런 날이 찾아오다니……. 엄마도 이렇게 믿기지 않는데 너는 어떤 마음일지 궁금하구나. 참, 엄마가 정리해 준 리허설은 하고 있니? 다 너와 아기를 위한 것이니 조금 힘들더라도 순산을 위해 꼭 꾸준히 연습하길 바란다.

그리고 오늘도 조금이나마 도움이 되라고 몇 가지를 정리해 보았단다. 그동안 엄마가 일러 준 대로 리허설을 잘 해왔을 텐데, 이제 출산일이 다가온 만큼 최종 리허설을 해야 하겠지? 그래서 분만을 하는 당일에 꼭 알아야 할 내용을 조금 담아 보았어. 분만이 코앞에 다가

온 만큼 이제는 분만실에서 일어날 상황을 미리 알고 대비할 필요가 있으니까……. 한마디로 실전 감각을 미리 키워 두는 거지.

특히 분만이 어떻게 일어나는지 과정이나 단계를 알아 두면, 조금 더 안정된 마음으로 출산을 할 수 있을 거야. 막연한 두려움, 불안감도 훨씬 덜할 테고 말이야.

그러고 보니 이제 시간이 얼마 안 남은 만큼 진통이 곧 시작될 수도 있겠구나. 알고 있겠지만 진통이 온다고 해서 바로 본격적인 분만이 시작되는 건 아니야. 진통이 규칙적으로 올 때 비로소 본격적으로 분만이 시작되었다고 보면 돼. 이제 너에게도 곧 때가 오겠지? 그럼 남은 시간 동안 리허설 잘하고, 또 지금 정리해 준 내용도 틈틈이 읽어 가면서 사전에 마음의 준비를 잘하렴. 엄마도 계속 응원하고 있을게.

분만을 앞둔 딸에게 전수하는 엄마의 '알짜 정리' 3

분만 1기

먼저 분만 1기는 진통이 시작되어서 자궁문이 10센티미터 열릴 때까지를 말한다. 이때 임산부는 진통으로 고생하기 시작하는데 첫아기를 낳을 때는 약 12~14시간의 진통을 겪고 두 번째 아기를 낳을 때는 6~8시간 정도 진통을 겪는 경우가 많다.

그런데 진통이 있다고 해서 8시간, 12시간 동안 계속 아픈 것은 아니다. 처음에는 20분에 한 번씩 아랫배가 아픈 느낌이 드는데, 이때 아픈 시간은 15~20초에 불과하고 나머지 19분 40초는 아프지 않다. 그러다가 서너 시간이 지나면 10분 간격으로 진통이 찾아온다. 하지만 이때도 진통 시간은 20~30초이며 나머지 9분 30초는 아프지 않다. 문제는 진통이 없는 시간에도 대부분의 임산부가 힘들어하며 진통을 생각하고 있다는 것이다. 좀 더 행복한 분만을 위해서는 이 간격을 이해한 후, 안 아픈 시간을 즐겨야 한다.

이후 자궁문이 4~5센티미터 열리면 진통이 3분 간격으로 온다. 그러나 이때에도 진통은 1분을 넘지 않고 최대 50초 동안 지속된다. 그래서 실제로 어떤 학자가 분만 단계에서 아픈 시간만 계산했더니

10시간 진통일 경우에 1시간 반, 길어야 2시간 정도만 아픈 것으로 나타났다고 한다. 그러므로 진통이 없을 때 긴장과 두려움으로 미리 진통을 맞으려 하지 말고 앞서 배운 호흡법을 통해 진통을 분산시켜야 한다.

그리고 리허설 때에도 다루었지만 이 시기에 누워 있으면 아기 하강에 좋지 않다. 전치 태반과 같은 특수한 경우를 제외하고는 분만실을 걸어 다니거나 짐볼 등을 활용해 움직이는 게 좋다.

분만 2기

분만 2기는 자궁문이 다 열리는 시기로, 이때부터 1시간 내로 아기가 나와야 한다. 그런데 아직 힘을 주지 않아야 할 때 잘못 힘을 줘 버리면 자궁문만 퉁퉁 붓고 아기가 나오지 않는다. 특히 자궁문이 다 열렸는데도 힘을 효과적으로 못 주어서 아기를 빼내지 못했을 경우에는 아기가 좁은 산도에 박혀서 심박동이 떨어지게 된다. 따라서 이 시기에 힘주기를 효과적으로 하는 것은 매우 중요하다. 무엇보다 자궁문이 다 열린 다음에 힘을 줘야 한다.

이를 위해 등을 분만대에 대고 고개를 들어서 배꼽을 쳐다보면서 항문 쪽으로 힘을 주는 새우등 자세를 취해야 한다. 활처럼 반대로 휘어진 자세를 취하는 것은 좋지 않다.

만약 힘주는 리허설을 충분히 했을 경우 너무 아파서 정신이 없다고 할지라도 의료진의 설명을 듣다 보면 어떤 행동을 취해야 할지 생각나게 된다.

그리고 힘주기를 해서 아기 머리가 나왔는데 진통이 지나가 버렸다면 바로 힘을 빼고 있어야 한다. 진통이 없을 때 힘을 주면 아기가 나오다가 어깨가 골절될 수도 있고, 산도가 열상을 받아 출혈이 심해질 수도 있기 때문이다. 그러므로 아기 머리가 나왔을 때 의료진이 "힘 빼세요"라고 말하면 뭔가 남아 있는 느낌이 들어도 힘을 빼야 한다.

참고로 이때 아기의 머리가 커서 힘을 줄 필요가 있다고 판단되면 그때는 의료진이 '끙' 하고 힘주고 '하하' 하면서 힘을 빼라고 설명해 준다끙하하 끙하하. 그러다 보면 어깨까지 나오게 되는데, 이렇게 어깨가 나오면 그다음은 술술 빠지면서 만출의 순간이 온다.

◆◆◆

분만 3기

아기가 나왔다고 해서 끝난 것은 아니다. 이후 태반이 나와야 한다. 특히 아기가 나온 후로도 진통이 이어지는데, 진통이 올 때 힘을 살짝 주면서 '끙하~, 끙하~'를 두세 번 하면서 태반을 만출시키게 된다. 물론 이때 억지로 할 필요는 없다. 아기만 나오면 다른 것은 다 저절로 나오기 때문이다. 참고로 이것을 태반 만출, 혹은 후출산이라고 한다.

이와 더불어 기억해 둘 것은, 자궁 수축이 있을 때만 살짝 힘을 주어야 한다는 사실이다. 자궁 수축이 없음에도 힘을 주면 문제가 될 수 있다. 즉, 태반이 뒤집어진다든지 태반 조각이 남아 있다든지 하여 출산 후 하혈의 원인이 될 수 있다.

◆◆◆

분만 4기

자궁 수축이 풀어지면 하혈을 하게 된다. 따라서 출산 후 분만대에 그대로 있으면서 태반 만출 후 하혈은 없는지, 소변은 잘 보는지에 대한 여부를 확인받고 이상이 없으면 병실로 올라가게 된다.

참고로 자궁은 본래 주먹 크기보다 작다. 그런데 임신하면 태아가 자람에 따라 점점 커졌다가 아기를 낳으면 다시 수축되어 원래의 크기로 돌아간다. 이렇게 수축되는 기간이 2주 정도이며, 자궁이 원래대로 수축되고 나면 그다음부터는 하혈을 하지 않는다.

93 • 분만이 가까워 오는 딸에게

엄마, 궁금해요!

Q. 둘라에 대해서 들어 본 것 같은데, 간호사, 출산도우미와 어떤 차이가 있나요? 그리고 둘라가 있으면 좋을까요?

A. 둘라는 분만 시 임산부의 출산, 특히 진통을 돕는 전문가라고 할 수 있어. 남편이 함께 분만실에서 있지 못할 경우, 혹은 남편이 계속 도와주기가 힘들 경우에 임산부가 의지할 수 있도록 진통 시간 내내 함께해 주는 사람으로 보면 돼. 진통 경감 마사지도 해주면서 말이야. 출산 때만이 아니라 출산 전후로도 신체적, 정신적으로 임산부에게 의지가 될 수 있지. 무엇보다 자연주의 출산 때는 더 많은 도움을 줄 수 있고 말이야.

물론 리허설을 잘해서 분만에 임한다면 혼자서도 충분히 해낼 수 있겠지만, 처음 겪어 보는 진통 앞에서는 연습을 했어도 분만이 막막하게 다가올 수 있을 거야. 그런데 이때 누군가가 전문적으로 코치해 주고 정서적으로 안정감을 준다면 정말 좋지 않겠니?

둘라와 함께하면 좋은 점에 대해 좀 더 정리해 보면, 먼저 유도분만이나 약물 투여, 마취제, 제왕절개 등과 같은 인위적인 의료 행위를 줄일 수 있다는 거야. 또한 부정적 감정을 감소시켜서 출산 때만이 아니라 이후에도 산후 우울증이 발생하지 않도록 도움을 주곤 하지. 그리고 모유 수유 성공률도 높여 주고…….

비용이 꽤 들긴 하지만, 너의 마음과 몸, 그리고 아기를 생각했을 땐 고려해 볼 가치가 있다고 생각해. 실제로 경험해 본 사람들 역시 비용 이상의 만족을 느꼈다고 말하기도 하고 말이야.

딸아, 이것만은 꼭 기억하렴

1. 분만 1기

- 규칙적 진통 시작부터 자궁문이 10센티미터 열릴 때까지.
- 초산부 평균 12~14시간, 경산부 평균 6~8시간.
- 진통 지속 시간: 10분 간격 20~30초, 5분 간격 40~50초, 3분 간격 50~60초.
- 복식 호흡을 1분간, 6~8회 깊게 한다.

2. 분만 2기

- 자궁문이 다 열리고 태아가 만출 될 때까지.
- 초산부 평균 1시간, 경산부 30분.
- 자궁문 열리기 전 미리 힘을 주지 않기자궁경부 부종, 열상, 출혈 생김.
- 새우등 자세로 머리를 들고 배꼽을 쳐다보면서 항문 쪽 들어 올리기.
- 양다리를 넓게 벌려 산도를 넓혀 주기활 자세는 안 됨.
- 진통 시작 시 숨을 깊게 들이마시고 참은 상태에서 대변을 보듯 항문 쪽으로 힘주기열까지 센다.

3. 분만 3기

- 태반 만출기후출산.
- 태반 만출 시 힘을 빼기.
- '끙' 하면서 힘 살짝 주고, '하하' 하면서 힘을 빼기끙하하 끙하하.

4. 분만 4기

- 태반 만출 후 1~4시간까지.
- 태반 만출 후 하혈을 관찰해야 함.
- 자궁 수축이 잘 되고 방광이 비워진 상태를 확인 후 병실로 이동.

3장

완모의
꿈을 꾸는
딸에게

07 모유 수유는 결코 부담스러운 일이 아니란다

To. 드디어 엄마가 된 딸에게

대견한 내 딸! 출산을 진심으로 축하한다. 이 세상에 첫발을 내디딘 사랑스러운 우리 손주를 보면서 엄마도 감격하지 않을 수 없었단다. 내가 외할머니가 되었다는 사실도 정말 신기했고, 그 힘든 과정을 잘 버텨 준 네가 자랑스럽기도 했어. 아마 지금쯤 10개월간의 짐을 벗어 버리고 새로운 날들이 열린다는 생각에 가슴이 벅찰 거라 생각해. 하지만 그러면서도 어떻게 하면 아기를 잘 키울 수 있을지 복잡한 감정이 들기도 할 거야.

그중에서도 가장 신경 쓰이는 부분은 모유 수유가 아닐까 해. 아기에게 생명과 성장에 필수적인 영양분을 공급하는 일이니 당연히 우선적으로 생각해야겠지? 완전히 모유 수유만 해야 할지, 모유와 분유를 혼합해서 주어야 할지, 아니면 분유만 먹일지 등이 고민되기도 할 거야. 하지만 넌 전부터 아기를 낳으면 꼭 완모를 하겠다고 다짐했었으니까 지금도 어느 정도는 마음을 먹고 있겠지?

완모를 결심했어도 한편으로는 부담이 클 거야. 마음을 먹는다고 해서 모유 수유가 쉽게 이루어진다는 보장이 없으니까. 젖이 잘 돌지도 의문인 데다가 아기가 거부할 수도 있거든. 하지만 모유 수유에 대한 기본 상식을 알아 두고 문제가 생길 때마다 잘 대처한다면 원하는 기간까지 완모에 성공할 수 있을 거야. 그리고 혹시 완모가 어렵더라도 상황에 맞게 최선의 것을 아기에게 전해 준다는 마음만 있으면 아기는 건강하게 잘 자랄 거란다. 그러니 너무 걱정하지 마.

그래도 완모를 꿈꾸는 우리 딸에게 도움이 되길 바라며 엄마가 모유 수유의 기본적인 내용을 정리해 봤어. 모유 수유가 아기와 너에게 얼마나 좋은지와 모유 수유를 갓 시작할 때 유용한 노하우 등을 담아 봤단다. 틈틈이 읽어 보면서 그동안 몰랐던 모유 수유 관련 상식도 짚어 보고, 앞으로 수유할 때 도움이 될 만한 지침들을 따로 정리해 보렴.

완모를 꿈꾸는 딸에게 전수하는 엄마의 '알짜 정리' 1

아기 건강을 위한 최고의 선택, 모유 수유

모유 수유가 좋은 가장 큰 이유는 아기의 면역력을 높여 주기 때문이다. 우선 초유에는 면역글로불린 A가 포함되어 있는데 이것은 바이러스나 세균에 맞서 싸울 수 있는 면역체로, 출산 직후 신생아의 건강을 돕는 핵심 물질이라고 할 수 있다. 특히 이 물질은 아기의 내장 기관뿐만이 아니라, 코나 목 점막 등에도 일종의 보호막을 형성하여 해로운 물질과 세균이 들어오지 못하도록 보호해 준다. 따라서 초유에는 이 세상에 처음 발을 내디딘 가장 연약한 상태의 아기가 위험에 노출되지 않게끔 하는 기능이 있다고 할 수 있다.

이후 나오는 성숙유도 아기의 건강을 지켜 주는 기능을 한다. 최소 6개월 모유 수유를 했을 경우에 장염, 요로 감염 등의 질환이 발병될 가능성이 줄어든다는 연구 결과는 이미 여러 차례 발표되었다. 또한 모유 수유아의 경우 영아 사망률 역시 낮게 나타나며 모유 수유가 끝난 후에도 면역력이 지속된다고 보고되고 있다. 심지어 장성한 후에도 각종 질환당뇨병, 고혈압, 장 질환, 대장염 등에 걸릴 위험이 줄어드는 것으로 연구되고 있는 만큼 모유는 평생 건강을 지켜 줄 최고의 방법이라고 할 수 있다.

다음으로 모유 수유를 하면 아기들에게 자주 나타나는 알레르기 반응도 예방할 수 있다. 이것은 곧 피부염 등에 걸릴 위험 역시 줄어든다는 의미인데, 이런 현상이 나타나는 이유는 아기의 장에 보호막을 만들어 주는 면역글로불린 A와 같은 물질이 모유에만 들어 있기 때문이다. 그런데 분유 수유를 할 경우, 아기의 장에 보호막이 형성되지 못하여 알레르기를 유발하는 이종 단백질과 같은 물질을 쉽게 받아들이게 된다. 따라서 염증을 일으키거나 알레르기 반응이 나타날 수 있다.

모유 수유는 똑똑하고 멋진 아이를 만든다

우리의 뇌는 양쪽 반구좌반구, 우반구로 구성되는데 두 반구를 연결하는 것이 바로 '뇌량'이다. 이 뇌량이 잘 형성되어 있어야 좌우 반구에서 처리되는 정보를 효과적으로 통합시킬 수 있는데, 놀랍게도 모유 수유를 하면 뇌량이 보다 튼튼하게 자란다고 한다. 또한 모유에는 뇌 발달에 도움이 되는 지방산이 포함되어 있으며, 수유를 통해 엄마와 아기 사이에 정서적인 유대감이 높아지는 장점이 있어 이 역시 궁극적으로 아이의 두뇌 발달에 영향을 미친다.

한편 모유 수유는 아기가 비만이 될 확률을 낮춰 주는 효과도 있다. 모유에는 지방 생성을 촉진하는 인슐린이 적게 들어 있고, 대신 식욕과 지방을 조절하는 호르몬인 렙틴이 풍부하게 함유되어 있기 때문이다. 특히 이런 요인 때문에 모유 수유를 하면 아기 때만이 아니라 이후 청소년이나 성인이 되었을 때도 비만이 될 확률이 낮아진다. 이러한 비만 예방의 가능성은 모유 수유 기간이 길수록 더욱 높아진다. 게다가 모유를 먹는 아기는 자신에게 충분한 양만을 먹는 습관을 갖게 되므로 이후에도 먹는 양을 조절하는 데에 수월해진다는 장점이 있다.

모유 수유는 산모의 건강도 책임진다

현재까지 진행된 많은 연구가 '모유 수유를 하면 유방암과 난소암에 걸릴 확률이 줄어든다'고 보고하고 있다. 특히 장기간1년 이상 모유 수유를 하면 확률이 더욱 줄어드는 것으로 나타났다. 이렇듯 암 발병률을 줄여 주는 원인이 무엇인지는 아직 정확히 알려진 바가 없으나 대략적으로 에스트로겐의 감소 때문이라는 의견이 많다. 즉, 모유 수유를 하면 유방 내 조직이 변화하고 이에 따라 에스트로겐의 생성이 줄어드는데 이것이 암의 발병 감소와 연관이 있을 수 있다고 추측하는 것이다.

한편 임신성 당뇨를 앓는 산모가 모유 수유를 하면 성인 당뇨로 발전할 가능성이 절반까지 줄어드는 것으로 확인됐다. 이것은 산모의 신진대사와 인슐린 감수성이 원인으로 작용한 것으로 분석된다.

또한 모유 수유를 하면 칼로리를 많이 소비하므로 임신으로 불어났던 몸을 회복하고 산후 몸 관리를 하는 데도 효과적이다. 일반적으로 젖 100밀리리터를 생산하는 데 75킬로칼로리 정도의 열량이 소모된다. 그런데 아기에게 주어야 할 젖 양의 최고치가 하루에 750밀리리터이므로, 모유 수유를 지속적으로 하면 다른 움직임이 없더라도 하루에 기본 500킬로칼로리 이상을 소비할 수 있다. 이처럼 모유 수유는 운동이나 식단 조절 없이도 다이어트의 효과를 불러온다. 물론 칼로리 소모가 많다 보니 금세 허기가 질 수도 있다. 따라서 자주 배가 고파 과식하기 쉬운데, 배고플 때마다 마음껏 먹기보다는 균형 잡힌 식생활을 습관화하기 위해 노력해야 한다.

◆◆◆

모유 수유, 어떻게 시작하면 될까?

모유 수유는 최대한 빨리 시작하는 것이 좋다. 출산 후 엄마의 몸 상태가 나쁘지 않다면 수 시간 내에 아기에게 젖 빠는 연습을 시키는 것이 좋다. 그러나 엄마의 몸 상태가 좋지 못하다면 출산 이틀째부터 젖을 물리도록 한다.

수유 시작 첫날은 오른쪽 유방, 왼쪽 유방 각각에 5분 정도 빨도록 하고, 하루에 3~4회 정도 수유한다. 둘째 날은 횟수를 좀 더 늘려 하루 5~6회, 10분씩 번갈아 가면서 빨도록 한다. 셋째 날 젖이 충분히 돌기 시작하면 각각 15~20분 정도 아기가 원할 때마다 수유하는 방식으로 횟수와 시간을 늘리면 된다.

보통 신생아가 엄마 젖을 원하는 신호에는 여러 가지가 있는데, 눈은 감고 있으면서도 꼼지락거리며 움직이는 경우, 손가락을 입으로 가져가는 경우, 입술을 빨거나 쩝쩝거리는 소리를 내는 경우, 눈을 뜨고 탐색하는 경우 등이 있다.

수유 초기에는 유두가 단련되도록 유관동 깊숙하게 젖을 물리는 데 특별히 신경을 써야 한다. 또한 모유 수유는 엄마의 심신이 안정되고 편안할 때 성공할 확률이 높기 때문에 몸의 피로를 관리하고 마음을 안정시키는 것이 중요하다. 즉, 걱정이나 불안한 마음을 내려

놓고 몸과 마음을 편안하게 하여 젖의 순환이 원활히 이루어지게 해야 한다.

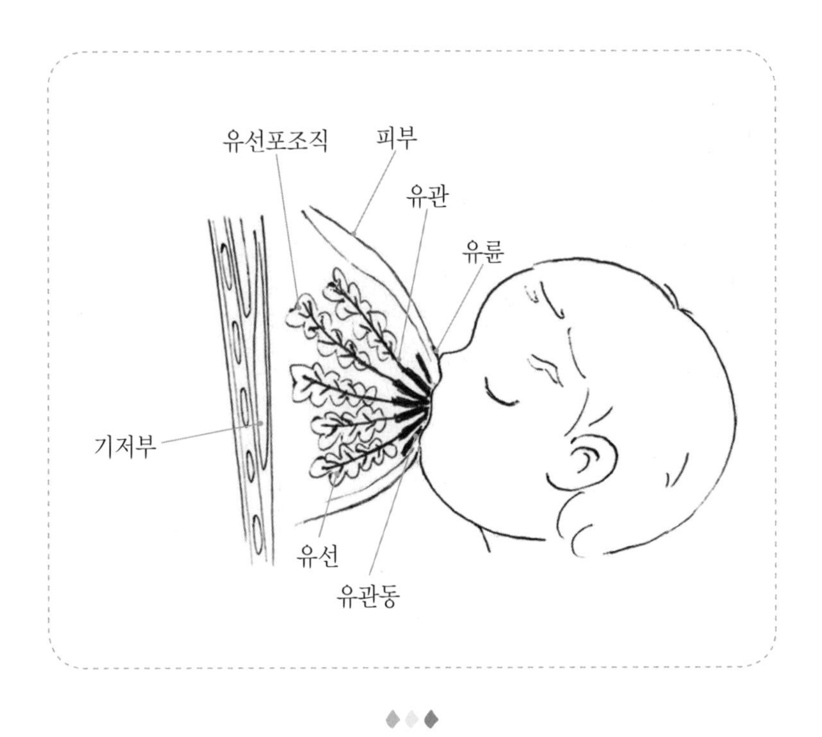

◆◆◆

전유와 후유를 고루 먹이기

전유는 젖을 먹이기 시작할 때 아기가 처음 먹게 되는 젖으로 지방이 적고 대부분이 수분으로 이루어져 있다. 반면에 후유는 전유가 끝난 후 나오는 젖으로 지방이 많고 성장 발육에 필요한 여러 가지 영양 성분을 포함하고 있다.

그러므로 전유와 후유를 골고루 먹이기 위해서는 수유 전에 젖을 어느 정도 빼고 난 후 먹여야 한다. 아기가 전유만 먹고 배가 불러 후유를 먹지 못할 수 있기 때문이다. 후유를 제대로 먹이지 못하면 아기가 젖을 많이 먹어도 체중이 늘지 않고 배가 고파 자주 칭얼거리게 된다. 또한 초록빛을 띤 묽은 변을 볼 수도 있다.

한편 만들어진 젖은 남김없이 충분히 먹여야 한다. 그래야 젖 양도 늘고 유선염도 예방할 수 있다.

젖 양이 너무 적거나 너무 많을 때

모유 수유를 할 때 젖의 양이 적으면 아기도 엄마도 당황할 수밖에 없다. 그러나 젖이 잘 안 나온다고 바로 수유를 포기하면 안 된다. 오히려 더 자주 젖을 물리고 유방 마사지를 제대로 해주면 젖이 점점 많이 돌기 시작한다. 특히 아기가 많이 먹으려고 하면 할수록 엄마의 몸도 그에 반응해서 많은 모유를 만들어 내게 된다. 구체적으로 모유를 만드는 데에 관여하는 호르몬은 프로락틴인데 이것은 아기가 젖을 물고 유방을 자극할 때 잘 분비된다. 그러므로 유축기를 사용하기보다는 아기가 직접 젖을 물게 하는 것이 젖을 잘 돌게 하는 데에 효과적이다. 또한 충분한 수면과 수분 섭취가 필요한데 물을 하루에 1.5~2리터 정도 마시는 습관을 들이면 좋다.

이와 반대로 젖 양이 너무 많을 때가 있다. 이때는 수유 때가 아닌데도 젖이 나와 곤란해지곤 한다. 특히 이런 상황에서 젖을 물리면 아기가 먹기 버거울뿐더러 사레에 걸릴 수도 있다. 그러므로 이런 경우에는 유축기 대신 손으로 젖을 일부 뺀 후 아기에게 먹이는 것이 좋다. 간혹 수유 후 젖이 많이 남았다고 유축기로 무리하게 짜내는 경우가 있는데 이런 방법은 오히려 젖이 더 많이 생성되게끔 하므로 피하는 것이 좋다.

아기가 젖을 거부하면 더욱 신중해야 한다

평소에 잘 먹던 아기가 갑자기 젖을 거부하는 경우가 간혹 있다. 이런 상황에서는 어떻게 대처해야 할까? 보통 엄마들은 아기가 배고플까 봐 걱정하며 어떻게 해서든 먹이려고 강제로 젖을 갖다 대기 쉽다. 하지만 무조건 수유를 시도 하기 전에 왜 아기가 이런 행동을 보이는지 그 이유를 알아야 한다. 아기가 엄마 젖을 거부하는 경우는 보통 다음과 같은 이유에서다.

첫째, 젖이 맛이 없기 때문이다. 이러한 현상은 아기가 이전에 젖을 다 빨지 못해 남아 있던 모유가 곪은 젖이 되거나 염증성 모유로 변했을 때 자주 일어난다. 그러므로 고인 젖을 손으로 빼내고 신선한 모유를 먹을 수 있게 해주어야 한다.

둘째로 젖의 양이 부족하거나 너무 많기 때문이다. 아기 입장에서 젖을 빨아도 충분히 먹을 수 없다면 흥미를 잃게 마련이다. 또한 너무 콸콸 쏟아져 사레들리는 경험을 했을 경우에도 젖을 거부할 수 있다.

세 번째로는 유두가 단단해진 경우이다. 이것은 유관동에 젖이 고여서 나타나는 현상이므로 유관동과 유두를 마사지하여 부드럽게 해줘야 한다.

한편, 아기가 엄마 젖을 거부하는 신호도 잘 알아차려야 하는데 칭얼대거나 신경질적으로 우는 경우, 웅얼거리면서 먹는 경우, 유두를 입으로 잡아당기는 경우, 입을 꼭 다물거나 혀를 내밀어 유두를 밀어내는 경우, 고개를 돌려 유두를 피하는 경우, 건강 상태가 좋지 않은 경우를 들 수 있다. 만약 이렇게 아기가 젖을 거부하는 상태라면 일단 수유를 멈춘 후 위의 사항 중 하나에 속하지는 않는지 잘 살피고 대처해야 한다.

엄마, 궁금해요!

Q. 유두에 상처가 났을 땐 어떻게 해야 할까요? 전문가의 도움 없이 스스로 대처할 수 있는 방법은 없나요?

A. 수유하다 보면 통증이 뒤따를 때가 있어. 아기가 예민한 부위를 빨았으니 얼마나 아프고 또 피로하겠니? 심지어 치아가 난 후에는 깨물기까지 해서 상처가 심하게 나는 경우도 생기곤 하지. 그럴 땐 정말 곤란하단다. 수유는 당장 해야겠는데 유두는 너무 아프고……. 이때는 무작정 참으면서 모유 수유를 하려고 하지만 말고 유방 관리에도 신경을 써야 해.

특히 유두가 딱딱해져 있거나 부어서 통증이 느껴지는 경우, 유두 균열로 수유가 어려울 경우에는 더 큰 상처가 나지 않도록 유두 셀프케어 방법을 철저히 배워 두도록 해. 당장 누군가가 옆에서 도와주지 않아도 스스로 할 수 있도록 말이야.

유두 셀프케어 방법은 의외로 간단하단다. 먼저 컵에 따뜻한 물을 담아 준비하고, 손으로 유두를 가볍게 눌러서 물에 1~2분 정도 담가 둬. 그럼 유두의 딱딱함이 풀어지면서 통증이 가시는 것을 느낄 수 있을 거야. 마치 찜질방에 들어갔을 때 몸이 이완되는 것처럼 말이야.

그렇게 1~2분 정도 유두를 담가 두었다가 간단하게 마사지를 해주면 되는데 이것도 1~2분이면 충분해. 컵을 내려놓고 엄지와 검지로 유두 끝 부분을 눌렀다 떼면서 마사지를 해주는 거지. 그런 후에 다시 따뜻한 물에 유두를 담가서 헹구면 돼. 아주 간단하지? 아, 그리고 다 끝나면 마른 수건으로 물기를 닦아 내는데 이때 바로 속옷을 입지 말고 잠시라도 공기 중에 두어 바람이 통하게 하면 좋아. 유두를 쉬게 한다고나 할까?

수유가 끝날 때마다 이렇게 간단한 셀프케어를 해주면 피로했던 유두를 쉬게 해서 유두의 건강을 되찾고 유두의 막힘도 줄일 수 있어. 특히 유두 균열이 있을 때 이 방법을 2~3일간 반복하면 쉽게 회복할 수 있을 거야.

딸아, 이것만은
꼭 기억하렴

1. 모유 수유가 중요한 이유

1) 아기를 위해

- 아기의 면역력을 높이고 알레르기, 피부염 등을 방지.
- 성인이 되어서도 각종 질환에 걸릴 위험이 낮아짐.
- 뇌량을 잘 형성하는 등 두뇌 발달에 도움이 됨.
- 비만이 될 확률을 낮춤.

2) 산모를 위해

- 유방암과 난소암에 걸릴 확률 감소.
- 임신성 당뇨가 성인 당뇨로 진행할 가능성이 절반가량 낮아짐.
- 산후 몸 관리에도 도움이 됨.

2. 모유 수유의 기초 상식

1) 횟수와 시간

- 수유 첫날: 양쪽을 번갈아 5분씩, 하루 3~4회 수유.
- 둘째 날: 10분씩, 하루 5~6회 수유.

- 셋째 날: 15~20분씩, 아기가 원할 때마다 수유.

2) 아기가 엄마 젖을 원하는 신호

- 눈을 감고 꼼지락거리거나, 손가락을 입으로 가져간다.
- 입술을 빨거나 쩝쩝거리는 소리를 낸다.
- 눈을 뜨고 탐색한다.

3) 젖 양 관리

- 젖 양이 적을 경우: 젖을 더 자주 물리고, 유관동과 유두를 마사지하기. 충분히 휴식하고, 수분 섭취 늘리기1.5~2리터 정도.
- 젖 양이 많을 경우: 유축기 사용을 자제하고 수유 전에 손으로 젖을 어느 정도 빼고 먹이기전유만 먹는 것과 사레들림 방지.

4) 아기가 젖을 거부할 때

- 남은 모유가 곯거나 염증성 모유가 되어 맛이 없을 경우.
- 젖 양이 너무 적어 열심히 빠는데 원하는 만큼 먹지 못하는 경우.
- 젖 양이 너무 많아서 한두 번만 빨아도 콸콸 쏟아지는 경우.
- 유관동과 유두가 단단한 경우.

08 모유에도 좋은 젖, 안 좋은 젖이 있단다

To. 아기에게 좋은 양식을 주고 싶어 하는 딸에게

모유가 잘 나오지 않는다며 조리원에서 볼 때마다 한숨을 푹푹 내쉬더니, 다행히 이제 본격적으로 모유 수유를 시작했다고 하니 엄마도 한시름 놓았다. 어려운 고비를 스스로 잘 헤쳐 나간 건데도, 내가 정리해 준 내용이 도움이 되었다고 예쁘게 말해 주니 고맙고 흐뭇한 마음이란다.

그런데 모유 수유가 이제 막 원활히 시작되었다고 해서 너무 안심해서는 안 될 거야. 모유의 양도 중요하지만 이보다 더 중요한 것은 모유의 질이거든. 많이 먹는다고 해도 영양가가 없는 음식을 먹으면 살만 찌고 건강을 해치는 경우가 많은 것처럼……. 실제로 주변에서 모유 수유를 하는 엄마들을 보면, 똑같이 모유만 먹이는데도 아기의 상태가 확연히 다른 경우를 흔히 볼 수 있어. 그러니까 모유가 아기에게 줄 수 있는 최고의 양식인 것은 맞지만, 같은 모유라도 질적인 차이가 있음을 늘 인지해야 해. 그리고 그만큼 질 좋은 모유를 만들어 내기 위해 노력해야 할 테고. 모유 수유에 대한 의지를 강하게 다진 만큼 말이야.

그럼 어떻게 해야 좋은 젖을 아기에게 줄 수 있을까? 당연히 엄마인 네가 좋은 음식을 먹어야 하겠지? 사실 너무 뻔한 이야기이지만 한편으로 보면 뻔하지 않은 게 현실이기도 해. 왜냐하면 어떤 음식이 모유 수유에 좋은지 의외로 모르는 사람이 많거든. 가령 옛날부터 들어온 통설에 근거해서 '이런 음식이 좋다더라' 하면서 먹기는 하는데 실제로는 그것이 도움이 되지 않을 수 있어. 그러니 보다 정확한 정보에 근거해서 균형 잡힌 음식을 섭취해야 해.

그런 차원에서 엄마가 이번에는 질 좋은 모유를 위해 꼭 알아야 할 지침들을 정리해 보았단다. 아기에게 질 좋은 모유를 먹여야 하는 이유가 무엇인지를 비롯해 네가 어떤 음식을 먹어야 하는지 등을 간략하게 정리했어. 이번 내용을 보면서 아기를 위해, 또 너의 몸을 위해 가장 효과적인 식사를 이어 나가길 바란다.

완모를 꿈꾸는 딸에게 전수하는 엄마의 '알짜 정리' 2

질 좋은 모유의 정체를 파헤치자

모유의 질에도 차등이 있기 마련이다. 우선 질이 좋은 모유는 푸른빛이 조금 도는 흰색으로 맑고 투명한 느낌이다. 그리고 온도 역시 체온과 비슷하게 미지근하며 점도가 적당하고 맛이 단 편이다. 반면에 질이 좋지 않은 모유는 약간 누런색을 띠며 쌀뜨물처럼 탁하고 온도 역시 차가울뿐더러 점성이 강해 끈적거리고 맛이 시큼하다.

그렇다면 질 좋은 모유를 먹은 아기는 그렇지 못한 아기와 어떤 차이를 보일까? 질 좋은 모유를 먹은 아기는 우선 눈동자부터가 다르다. 딱 보아도 반짝이며 총명한 것이 드러난다. 팔다리의 움직임 역시 활력이 넘치며 잘 웃는 편이다. 또한 뽀얀 모유처럼 피부도 뽀얗고 탄력이 있으며 전반적으로 피부가 투명하고 맑다.

하지만 질이 좋지 않은 모유를 먹은 아기는 눈동자가 흐리멍덩하고 기운이 없으며 피부가 까칠하고 울긋불긋하다. 낯가림도 심하고 팔다리에 힘이 없으며 머리카락도 푸석하다. 게다가 모유가 맛이 없어 잘 먹지 못하다 보니 칭얼거릴 때도 많다.

그렇다면 어떻게 해야 질 좋은 모유를 먹일 수 있을까? 여기서는 땅의 원리를 잘 생각해 보아야 한다. 만약 같은 종류의 나무가 있는데 한 나무는 옥토에 심었고 한 나무는 자갈밭에 심었다고 해보자. 이후 두 나무에 열매가 열린다면 어떻게 될까? 전자의 경우 열매가 윤이 나고 실한 반면, 후자의 경우에는 열매가 비실비실하고 윤기가 없을 것이다. 이처럼 좋은 땅에서 좋은 나무가 자라고 좋은 열매가 열리듯이, 무엇보다 좋은 토양을 만드는 작업이 중요하다. 모유 수유에 있어서 토양은 곧 유방이다. 그러므로 돌덩어리처럼 딱딱한 유방을 옥토로 만들기 위해서는 유방을 잘 관리하면서 좋은 모유를 만들어 내는 식품도 섭취해야 한다유방 관리에 대한 본격적인 내용은 다음 챕터에서 다루게 될 것이다.

모유의 질을 좋게 하는 기초 상식

모유 수유를 돕기 위해서 흔히들 진한 사골국이나 족발, 가물치, 혹은 기름진 고깃국을 먹어야 한다고 생각한다. 그러나 그것은 영양이 부족하던 과거에 통용되던 방법이다. 필요한 영양을 섭취하는 데에 특별한 지장이 없는 요즘 시대에는 그런 음식들을 굳이 찾아 먹는 것이 오히려 해가 될 수 있다. 이런 음식은 지방을 많이 포함하고 있어서 기름지고 탁한 젖이 나오게 할 수 있고 더 나아가 기름기가 유선을 막아 유선염을 일으킬 수도 있기 때문이다. 그러므로 특별한 음식을 먹으려고 하기보다 평소 균형 잡힌 식습관을 형성하는 것이 핵심이 되어야 한다.

그런데 이보다 더 중요하면서도 기초적으로 기억해 두어야 할 것이 있다. 질 좋은 모유를 만들려면 물을 충분히 섭취해야 한다는 것이다. 아무리 좋은 음식을 잘 챙겨 먹는다고 해도 수분 섭취가 제대로 이루어지지 않으면 모유의 질뿐 아니라 산모의 건강에도 손상을 준다. 그러므로 하루에 적어도 물을 여덟 컵 이상은 마셔야 한다. 간혹 부기 때문에 물을 잘 안 마시려는 산모가 있는데 수분이 제대로 공급되지 않으면 탈수 증상이나 피로가 몰려올 수 있다. 특히 모유로 수분이 빠져나가기 때문에 출산 후 변비에 걸리기 쉬우므로 수분 섭취에 일차적으로 신경을 써야 한다.

산모에게 균형 잡힌 식사란?

모유의 질을 높이기 위한 식사는 곧 '산모의 건강을 위한 식사'라고도 할 수 있다. 따라서 산모의 몸을 회복시키기 위한 식사와 연관하여 모유 수유에 효과적인 음식을 살펴봐야 한다.

우선 자연 그 자체를 최대한 잘 활용한 식품이 최고의 식품이므로 산모에게도 이러한 음식이 공급되어야 한다. 자극적이지 않은 담백한 국이나 나물, 생선 등이 골고루 갖추어진 식사를 기본으로 하고, 여기에 콩류나 육류 등을 더하여 영양소를 고루 섭취할 수 있게 하면 더욱 효과적이다.

먹는 방법 역시 중요하다. 우선 끼니를 거르지 않고 세 끼를 잘 챙겨 먹을 필요가 있으며, 다양하고 골고루 먹되 고기의 비율은 조금 줄이는 것이 좋다. 조리 방법도 중요한데 아무리 몸에 좋은 채소를 먹는다고 해도 조리 과정에서 소금이나 설탕 등의 감미료가 많이 추가되면 건강에 해로울 수 있다. 즉, 최대한 자연 그대로의 것을 섭취하도록 담백하게 요리해야 한다.

특히 질 좋은 모유를 만들기 위해서는 채소 중에서도 수분이 많은 것을 선택해야 한다. 가령 오이나 파프리카, 토마토, 당근, 여러 가지 나물 등을 먹는 것이 좋고, 채소 중에서도 태열을 내리게 하는 상추나 치커리 등을 먹으면 좋다. 한편 단백질을 섭취할 때는 동물성 단백질만을 찾지 말고 콩, 두부와 같은 식물성 단백질도 함께 섭취할 필요가 있다. 그리고 만약 동물성 단백질을 섭취할 경우에는 갈치,

조기, 생태 등과 같은 흰 살 생선을 섭취하거나 지방이 적은 붉은 살코기와 닭 가슴살을 먹는 것이 좋다. 국 종류로는 해산물이 들어간 미역국이나 담백한 된장국 등이 추천할 만하다.

◆◆◆

철분과 칼슘을 지켜 내야 한다

출산 전에는 대부분의 임산부가 빈혈을 막기 위해 철분제를 꾸준히 섭취한다. 그런데 출산 이후에도 빈혈이 생길 수 있으므로 철분을 보충해야 한다. 철분을 보충할 수 있는 식품으로는 살코기나 간이 대표적으로 알려져 있지만 그 밖에도 굴을 비롯한 어패류와 해조류, 완두콩 등의 콩류, 시금치 같은 녹황색 채소, 달걀노른자 등을 골고루 먹으면 더욱 좋다.

한편 아기가 태어난 지 3개월 정도가 지나면 산후풍이 생길 위험이 있으므로 이때를 대비하여 관절을 강화해 주는 칼슘을 많이 섭취해야 한다. 특히 치아를 비롯한 아기의 뼈를 튼튼하게 하는 칼슘이 엄마의 몸에 있는 칼슘에서 공급되기 때문에 더욱 주의해야 한다. 만약 칼슘 섭취량이 부족하면 골다공증이 생길 위험이 있다. 이것은 엄마의 몸 안에 남아 있는 칼슘의 양이 부족할 경우 이를 보충하기 위해 엄마의 뼈에 있는 칼슘이 모유로 빠져나오기 때문이다.

칼슘 섭취를 돕는 음식으로는 콩류나 어패류, 채소류, 해조류 등이 있다. 칼슘을 먹을 때 인스턴트식품이나 설탕을 많이 먹으면 흡수에 방해가 될 수 있으므로 주의한다. 특히 염분을 많이 섭취하면 칼슘이 신장에서 빠져나가 아무런 효과가 없을 뿐 아니라 신장 기능을 약화시킬 수 있다.

◆◆◆

건강에 좋은 음식이 모유 수유에는 안 좋을 수도 있다

임산부들은 임신 기간에 음식을 조절하기 위해 많은 노력을 기울인다. 특히 먹고 싶지만 아기를 위해 참아야 하는 음식 때문에 스트레스를 받으면서도 배 속의 아기를 위해 오랜 임신 기간을 버텨 낸다. 그런데 아기가 태어난 이후에도 모유 수유를 위해 음식을 조절해야 한다고 생각하면 막막함이 밀려올 수 있다. 하지만 사실 이 시기에는 임신 기간처럼 엄격하게 잣대를 정해 좋은 음식과 나쁜 음식을 가릴 필요는 없다. 대신 정확한 정보를 기반으로 어느 정도 조심해야 할 부분은 분명히 알아 두자.

이 시기에 피해야 할 음식을 반드시 알아야 하는 이유 중 하나는,

'건강에 좋은 음식이지만 모유 수유에는 해로운 음식'이 있기 때문이다. 예를 들어 술, 커피, 인스턴트식품 등이 안 좋으리라는 것은 누구나 예상하지만, 인삼이나 식혜가 해롭다는 것은 모를 수 있다. 오히려 몸에 좋다고 생각해 더 먹으려고 하기 쉽다. 그러나 일반적으로 건강을 위해서 챙겨 먹는 인삼이나 식혜는 수유 기간에는 삼가야 할 음식이다. 이것을 자주 먹으면 젖 양이 줄어들기 때문이다. 실제로 식혜를 만드는 데에 사용되는 엿기름은 단유에 활용되는 재료이기도 하다. 그러므로 모유 수유 기간에는 멀리해야 한다.

이유를 막론하고 반드시 피해야 할 것

모유 수유 중에는 반드시 피해야 할 것이 있는데 그것은 바로 술이다. 엄마가 맥주 한 잔을 마시면 알코올 성분이 해독되기까지 2시간 이상 걸리므로 바로 수유를 하면 알코올이 모유를 통해 아기에게 전해질 수밖에 없다. 아기는 알코올 분해 능력이 현저히 떨어지기 때문에 간에도 해롭고 뇌세포를 손상시킬 수도 있다.

참고로 알코올은 섭취한 지 30~60분이 지났을 때 모유에 많이 섞여 나오기 때문에 부득이하게 먹었다면 3시간 정도 지나 수유를 해야 한다. 그리고 한두 잔이 아니라 많이 마셨을 경우에는 12시간 정도 후에 수유하는 것이 안전하다. 이때도 남은 젖을 짜낸 후 다시 수유를 시작해야 한다.

또한 약 복용도 주의해야 한다. 금기되는 대표적인 약으로는 요오드가 함유된 약물, 진통제, 항암제, 방사선 관련 약물, 경구 피임약 등이다. 부득이 약을 먹어야 할 경우 약 복용 기간에는 모유를 먹이지 말고 유축기로 짜내야 한다. 특히 약을 먹은 후 1~3시간 후에 약 성분이 모유에 가장 많이 들어가게 되므로 이 시간을 각별히 주의한다.

◆◆◆

경우에 따라 주의해야 할 음식이 있다

아기에 따라 알레르기를 유발하는 음식이 다를 수 있다. 가령 알레르기 유발 음식 중 대표적인 것들로는 달걀흰자, 튀김, 갑각류 음식 등이 있는데 사실 이것은 아기마다 다르게 반응할 수 있다. 그러므로 어떤 음식이 알레르기를 일으키는지 확인한 후 그에 맞게 음식을 가려야 한다.

또한 브로콜리나 살구, 자두와 같은 식품은 몸에는 좋지만 모유 수유 시에는 아기의 복통을 유발할 수 있고, 참외나 복숭아는 설사나 변비 등을 일으킬 수 있으므로 이 경우에도 주의해야 한다.

한편 우유를 비롯한 유제품도 몸에 좋은 식품이지만 산모가 많이 마실 경우에는 알레르기, 복통 등이 아기에게서 나타날 수 있다. 그러므로 산모가 마신 우유에 대한 반응이 어떤 식으로 아기에게서 나타나는지를 잘 살펴본 후 섭취해야 한다.

일반적으로 선호하는 피자, 케이크, 쿠키와 같은 식품이나 마가린, 마요네즈 같은 재료도 알레르기를 일으킬 수 있고 더 나가서 아토피를 유발할 수도 있다. 그러므로 섭취를 하더라도 아주 가끔, 조금씩 먹도록 하고 최대한 주의를 기울이자.

첨가물에 따라 주의해야 할 음식이 있다

모유의 맛을 변질시키는 재료도 있다. 가장 대표적인 것이 매운 계통의 재료들, 즉 생강이나 마늘, 고춧가루 등이다. 이것을 먹으면 젖 냄새가 변질되어 아기가 모유를 거부할 수 있다. 또 냄새만이 아니라 자극적인 성분 때문에 아기가 복통이나 설사를 일으킬 수 있으며 매운 자극이 열로 이어져 태열을 유발할 수도 있다.

임신 기간에 대표적으로 주의해야 했던 커피 역시 이 시기에 어느 정도 제한할 필요가 있다. 제한해야 하는 가장 큰 이유는 아기의 수면 장애를 유발할 수 있기 때문이다. 그뿐만 아니라 커피를 지속적으로 마시면 철분 흡수도 방해할 수 있다. 물론 여기서 문제가 되는 것은 카페인이기 때문에, 커피뿐 아니라 초콜릿, 콜라와 같은 다른 카페인 함유 식품도 조심히 먹어야 한다.

참고로 카페인은 섭취 후 1시간 정도가 되었을 때 최고 농도에 도달한다. 그리고 섭취한 카페인의 극히 소량0.06~1.5퍼센트만이 모유로 들어갈 뿐이므로 무조건 금할 필요는 없겠지만 하루 500밀리그램 이상의 카페인을 섭취하는 것은 금물이다.

엄마, 궁금해요!

Q. 젖 찌꺼기가 생기면 안 된다는데 어떻게 관리하면 좋을까요? 또 젖 찌꺼기가 생겼는지는 어떻게 알 수 있나요?

A. 젖 찌꺼기는 생산된 젖 양을 아기가 충분히 먹지 않았을 때 생기는 잔여물이라 할 수 있어. 이렇게 찌꺼기로 된 덩어리가 가득 차면 질 좋은 모유가 나올 수 없겠지? 그런데 이렇게 모유의 질이 좋지 않으면 아기의 건강을 해칠 뿐만 아니라 엄마의 건강에도 문제가 돼. 젖 찌꺼기가 계속 쌓이면 가슴이 뭉치고 울혈이 생길 수 있거든. 그래서 나중에 유선염을 일으킬 수도 있어. 그러니까 관리를 잘해야 한단다.

그런데 지금 젖 찌꺼기가 있는지 없는지 어떻게 하면 구분할 수 있을까? 일단 가슴이 뭉치는 것 같다 싶으면 젖 찌꺼기가 있다는 생각을 해보고 신중하게 관리해야 해. 또 색깔을 통해 구분할 수 있는데, 일반적으로 초유의 경우에는 말갛고 옅은 오렌지 주스 색을 띄게 되거든. 그런데 이런 특이한 색깔의 초유는 2주 정도만 나오고 그다음부터는 뽀얀 성숙유가 나와야 하는데, 2주 후에도 뽀얀 색이 아닌 오렌지빛이 도는 젖이 나온다면 그것은 젖 찌꺼기가 있다는 징조라고 볼 수 있어. 2주 후에 나타나는 오렌지빛은 곪고 오래된 젖 색깔이니까. 그리고 또 한 가지, 아기가 만약 젖을 잘 먹는데도 불구하고 얼굴빛이 탁하거나 몸무게가 잘 늘지 않으면 젖 찌꺼기가 있는 것은 아닌지, 즉 유질에 문제가 있는 것은 아닌지 의심해 봐야 해.

그럼 젖 찌꺼기는 어떻게 없앨 수 있을까? 가장 중요한 것은 아기에게 직접 수유를 하는 거야. 직접 빨게 해야 유륜 밑에 있는 유관동이 있는 곳을 눌러 가슴 깊은 곳에 있는 젖을 빨 수 있거든. 그리고 아이가 전유만이 아니라 후유까지 충분히 먹게끔 해주어야 해.

앞으로 질 좋은 모유를 먹이기 위해, 그리고 너의 건강을 위해 젖 찌꺼기가 생기지 않도록 주의하렴. 행여 생긴다고 해도 잘 관리해서 빨리 해결하고 말이야.

딸아, 이것만은 꼭 기억하렴

1. 모유에도 질이 있다

1) 질이 좋은 모유

- 푸른빛이 조금 도는 맑고 투명한 흰색.
- 온도가 체온과 비슷하며 단 맛이 남.

2) 질 좋은 모유를 먹은 아기의 특징

- 눈동자가 반짝인다.
- 행동에 활력이 넘친다.
- 피부가 맑고 투명하다.

3) 질이 좋지 않은 모유

- 약간 누런색이며 탁함.
- 차갑고 시큼함.

4) 질이 좋지 않은 모유를 먹은 아기의 특징

- 눈동자가 흐리고 기운이 없다.
- 피부가 울긋불긋하다.

2. 모유의 질을 위해 바로 알고 먹기

1) 균형 잡힌 식사

- 기름지고 특별한 음식을 찾기보다 균형 잡힌 식사자극적이지 않은 담백한 국이나 나물, 생선 등이 골고루 갖추어진 식사를 하기.
- 다량의 수분 섭취는 필수.
- 조미료를 줄이고 자연 그대로를 먹기 위해 노력하기.
- 단백질 보충 시 식물성 단백질콩, 두부 등 많이 먹기.

2) 철분과 칼슘 지키기

- 철분 지키기: 굴을 비롯한 어패류와 해조류, 완두콩 등의 콩류, 시금치와 같은 녹황색 채소, 달걀노른자 등을 섭취하기.
- 칼슘 지키기: 인스턴트식품, 설탕 많이 먹지 않기.

3) 추가로 멀리해야 할 것들

- 몸에 좋은 인삼이나 식혜는 젖 양을 줄이므로 수유 시엔 피하기.
- 음주 후엔 반드시 수유를 삼가기간에 해롭고 뇌세포를 손상시킬 수 있음.
- 아기의 알레르기 반응을 확인한 후 주의해서 먹기.
- 카페인은 아기의 수면 장애를 일으키니 정량을 넘지 않기.
- 매운 맛을 내는 재료는 모유 맛을 변질시키고 태열, 복통, 설사를 일으킬 수 있으니 주의하기.

09 유방 관리는 아기와 엄마 몸에 대한 건강 관리야

To. 수유 중 여러 어려움을 겪는 딸에게

얼마 전에 우리 이웃에 사는 아기 엄마가 젖몸살로 심하게 고생했다더구나. 엄마도 너를 키울 때 한 번 경험해 본 적이 있는데 그 고통은 말로 형용할 수가 없었어. 그때는 정말 아기를 낳을 때의 고통보다도 더하다고 느낄 정도였으니까. 그래서 그런지 이웃의 이야기를 듣고 마음이 짠하더라.

그런데 오늘 아침, 우리 딸에게도 젖몸살 증상이 오기 시작했다는 말을 듣고 가슴이 철렁 내려앉았어. 진작 젖몸살을 예방하기 위한 이야기를 해주었으면 좋았을 텐데……. 하지만 이제부터라도 관리를 잘한다면 좀 더 쉽게 지금의 어려움을 이겨 낼 수 있을 거야. 그러니 엄마가 오늘 정리한 내용을 보면서 젖몸살도 이겨 내고 유방 관리도 잘 이어 가길 바란다. 혹시 주변에 비슷한 상황을 겪는 산모가 있다면 함께 공유하면 더욱 좋을 테고 말이야.

아, 그리고 유방 관리 내용을 정리하다 보니 단유에 대한 이야기도 해보고 싶더라. 물론 아직 단유 시기가 다가온 것은 아니지만, 세월은 정말 금방 갈 테니 미리 생각해 보고 알아 두는 것도 나쁘지는 않겠지? 실제로 단유는 처음 모유 수유할 때 겪었던 부담감 이상으로 어려운 과정이 될 수 있거든. 그래서 미리 단유에 대한 기본적인 내용을 살펴보고, 앞으로 단유를 어떻게 할지에 대해서도 계획을 세워 두길 바라는 마음이야.

끝으로, 마음먹었던 대로 완모를 계속 이어 나가는 우리 딸에게 다시금 박수를 쳐주고 싶구나. 때로는 그냥 분유를 먹이고 싶은 생각도 들 텐데 끝까지 모유를 먹이려고 노력하는 모습을 보면서 안심도 되고 또 멋진 엄마가 될 거라는 믿음도 강하게 든단다. 또한 모유를 맛있게 먹어 주는 우리 손주에게도 고맙고 말이야. 엄마가 늘 응원하고 기도하고 있다는 것을 잊지 말렴. 오늘도 힘내, 우리 딸!

완모를 꿈꾸는 딸에게 전수하는 엄마의 '알짜 정리' 3

젖몸살! 예방도 대처도 가능하다

젖몸살은 출산 후 모유 수유 초기 단계에서부터 쉽게 나타날 수 있는 현상이다. 그러다 보니 흔히들 젖몸살이 모든 산모에게 찾아오는 것으로 생각하지만 충분히 준비하고 관리하면 얼마든지 피할 수 있다.

예방법을 알기 위해서는 우선 젖몸살이 왜 일어나는지부터 알아야 하는데, 이 증상이 나타나는 이유는 모유가 유방 안에 남아 있는 상태에서 찌꺼기가 되고 그것이 덩어리가 되기 때문이다. 이런 차원에서 볼 때 아기에게 젖을 충분히 먹이는 것만으로도 젖몸살을 예방할 수 있음을 알 수 있다. 그렇다면 어떻게 해야 충분한 양의 수유를 할 수 있을까? 우선 아기가 젖을 깊숙이 문 상태에서 빨 수 있게 해주어야 한다.

젖을 깊숙이 물게 하는 비결은 바로 마사지이다. 본래 유두는 세균이 들어가는 것을 막기 위해 배유구 부위가 마치 딱지처럼 되어 있는데 이것을 마사지로 풀어 주어야 아기가 쉽게 물 수 있다. 특히 이 마사지는 유관동과 유륜 부위를 부드럽게 해주기 때문에 아기가 깊숙이 물 수 있게 할뿐더러 젖 찌꺼기가 덩어리로 변하지 않도록 풀어 주는 기능도 한다. 출산 후 젖 돌기 전에 마사지를 시작하면 더욱 효과적이며 초기 젖몸살을 예방하는 데에 큰 도움이 된다.

◆◆◆

셀프 기저부 마사지에 도전해 보자

일반적으로 산후조리원에 입소하면 기저부 마사지 등을 통해 산모들이 모유 수유에 성공할 수 있도록 돕는다. 그러나 누군가가 돕지 않아도 스스로 유방의 기저부를 마사지하는 방법을 익혀 두면 초기에 젖이 돌게 하는 데에 더 큰 도움이 된다.

우선 기저부 마사지는 크게 두 단계로 나뉘는데 첫째는 좌우로 마사지하는 것, 둘째는 위아래로 마사지하는 것이다. 먼저 좌우로 마사지하는 방법은 오른손으로 왼쪽 가슴 겨드랑이 쪽 면을 가볍게 감싼 후, 왼손을 오른손 위에 얹고 가운데 쪽으로 밀어 주는 것이다. 그리고 반대쪽도 마찬가지 방법대로 반복해 주면 된다.

두 번째로 위아래로 마사지를 하는 방법은 오른손으로 왼쪽 가슴 아래쪽 면을 가볍게 감싼 후, 왼손을 오른손 밑에 놓고 아래에서 위로 밀어 주는 것이다. 역시 반대쪽도 같은 동작으로 반복해 주면 된다.

셀프 기저부 마사지 1. 좌우로 마사지하기

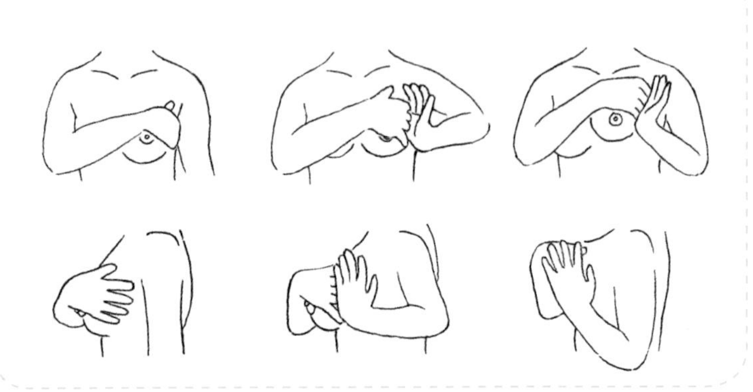

셀프 기저부 마사지 2. 위아래로 마사지하기

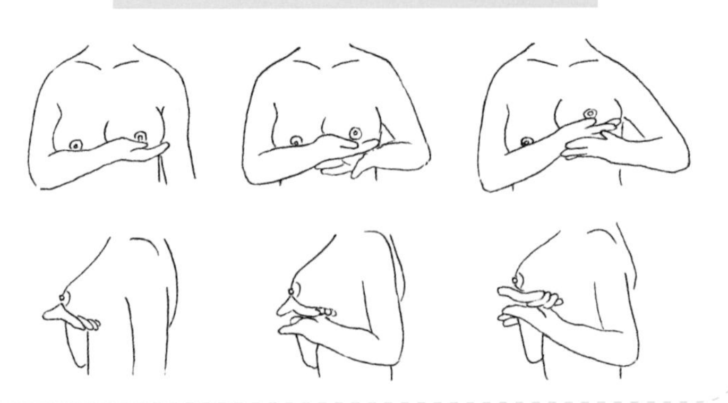

치밀 유방의 정체와 개선 방법을 알아보자

모유 수유를 방해하는 대표적인 원인 중 하나가 바로 치밀 유방이다. 오늘날에는 과거에 비해 치밀 유방을 가진 젊은 여성이 더욱 늘고 있는데, 이는 주로 앉아서 생활하며 유방의 움직임이 적어진 행동 패턴과 과도한 스트레스 때문이다. 그로 인해 유방의 조직이 치밀해지는 것인데, 자가 진단이 어려워 나중에서야 치밀 유방임을 알게 되는 경우가 허다하다.

그렇다면 왜 치밀 유방이 모유 수유에 방해가 되는 것일까? 우선 유방이 흉벽에 붙어 치밀한 조직을 형성하면 혈액순환이 잘되지 않을뿐더러 유선이 가늘고 구부러져 모유가 흐를 길을 방해하게 된다. 그러다 보니 젖 양이 많아도 제대로 나오기가 어렵고 질 좋은 모유도 생성되기가 어려운 것이다.

한편 치밀 유방은 모유 수유에 방해가 될 뿐만 아니라 여성의 건강에도 해롭다. 유방 속의 치밀 조직은 그냥 내버려 두면 자연스럽게 해결되지 않고 유방선종이나 유방암, 각종 혹을 만들어 낼 수 있기 때문이다. 그러므로 다른 근육이 치밀하게 뭉치는 현상과 똑같이 생각하고 간과해서는 안 된다.

아이러니하게도 원활한 모유 수유를 막는 이 치밀 유방을 극복하는 방법은 다름 아닌 모유 수유이다. 치밀 유방으로 인해 힘겹더라도 제대로 된 방법으로 모유 수유를 시작하면 치밀 유방의 문제를 해결할 수 있다.

구체적으로 아기가 젖을 유관동까지 깊숙이 물고 빨게끔 하면 되는데 이것이 반복되면 점차적으로 조직이 헐거워지게 된다. 그러므로 유축기나 유두 보호기를 사용하기보다 아기가 직접 유방을 통해 먹게끔 해야 하며 되도록 1년 이상 오래 먹이는 것이 좋다. 이렇듯 치밀 유방이니 모유 수유를 포기해야겠다고 생각하지 말고, 오히려 치밀 유방일수록 더욱 모유 수유에 성공하도록 노력해야 한다. 그러면 아기도 건강해지고 엄마의 유방도 순환이 잘되는 건강한 유방이 된다.

물론 초기에는 어려움이 클 것이다. 아무래도 치밀 유방은 딱딱한 유방이다 보니 아기가 무는 것 자체가 버거울 수 있기 때문이다. 그러나 앞서 다루었던 셀프 기저부 마사지를 기본으로 하고, 전문가의 마사지를 통해 유방을 관리해 주면 보다 효과적으로 젖을 물리게 되고 치밀 유방도 극복할 수 있을 것이다.

◆◆◆

단유를 미리 준비하자

갓 출산한 산모들은 대부분 아기에게 최고의 양식을 주기 위해 모유 수유를 해보려고 애쓰는데 마음처럼 쉽게 되지 않아 고생한다. 더한 문제는 처음에 젖을 줄 때도 너무 힘들지만, 이것을 끊을 때 역시 만만치 않은 고통이 찾아온다는 사실이다. 이처럼 모유 끊기, 즉 단유에 대한 기본적인 지식 역시 잘 정리될 필요가 있다.

우선 단유 시기는 정확하게 정해진 것이 없다. 다만 일반적으로는 12개월이 이후부터 14~15개월 정도가 되었을 때 단유를 시행하곤 한다. 그런데 이때 다른 사람과 비교하여 '우리 아기도 빨리 젖을 떼게 해야겠다' 생각하고 강제적으로 단유를 시행해서는 안 된다. 아무런 준비가 되지 않은 상태에서 단유를 진행하면 아기와 엄마 모두에게 좋지 않기 때문이다. 실제로 모유 수유는 단지 먹는 것을 제공해 주는 것만이 아닌 엄마와 교감하며 애착을 형성하는 최고의 과정이었던 만큼 이것이 사라질 때 아기에게는 큰 충격이 올 수 있다. 곧 단유는 단지 양식의 종류를 바꾸는 차원이 아니기 때문에 계획적으로 이루어져야 할 뿐만이 아니라, 아기의 반응에 따라 천천히 이루어져야 한다.

◆◆◆

단유의 방법은 의외로 단순하다

단유 시기가 되었다고 생각한다면 최소 일주일 정도의 여유를 주면서 아기가 마음의 준비를 할 수 있게 해야 한다.

마음의 준비를 시키는 것은 먼저 말을 통해 이루어진다. 엄마는 아기에게 "우리 OO는 엄마 젖을 충분히 먹었으니 이제 그만 먹는 거야"와 같은 표현을 수시로 해준다. 물론 아기가 그 말을 이해하지 못할 수 있다. 하지만 그럼에도 일주일 정도의 시간을 두고 계속 언급해 주어야 한다. 그러면 무엇인가를 이해했다는 듯이 긍정하고 끄덕이는 아기의 모습을 발견할 수 있을 것이다.

또한 함께 병행하면 좋은 대표적인 단유법으로 '곰돌이 단유법'을 들 수 있는데, 이것은 엄마의 가슴에 '곰돌이'를 그려 주는 것이다이와 더불어 방 안에 곰돌이 그림을 똑같이 그려 곳곳에 붙여 놓기도 한다. 그런 다음 아기에게 "이제 엄마 젖은 곰돌이 주자. 엄마 젖은 그만 먹고 배고픈 곰돌이 친구에게 양보하자"라고 반복적으로 말하며 가르쳐 주면 된다.

그런데 '이 방법이 과연 아무것도 모르는 아기에게 효과가 있을까?' 하는 의문이 들 수 있을 것이다. 그러나 곰돌이 단유법을 시행한 엄마들은 예상치 못한 아기의 반응에 놀라곤 한다. 처음에는 잘 못 알아듣기도 하고, 알아듣더라도 거부 반응을 보이며 자기가 엄마 젖을 차지하려 하는데 둘째 날, 셋째 날부터는 자신도 곰돌이에게 양보하겠다는 반응을 보인다는 것이다. 가령 “곰돌이에게 젖을 주자”라고 하면 허락하듯 고개를 끄덕이기도 하고 혹은 곰돌이를 가리키며 적극적으로 주라는 표시를 하기도 한다. 그리고 혹시라도 젖을 그리워하는 것 같아 품에 안고 젖을 주려고 하면, 오히려 그때부터는 아기가 고개를 젓는다. 이 상태에서 며칠이 더 지나면 젖을 주겠다고 해도 완전히 거부하게 된다.

한편 이 시기에는 수유를 안 하는 대신 아기가 평소에 좋아했던 음식을 준비해 주거나 보리차와 같은 것으로 수분을 충분히 공급해 줄 필요가 있다.

단유 후, 엄마의 유방 관리도 중요하다

젖이 차오를 때마다 수유를 했는데 이제 먹을 사람이 없으니 젖이 팽팽해지고 아플 수 있다. 그러므로 젖 양을 줄이는 마사지를 비롯하여 보다 철저한 유방 관리를 해주어야 한다.

우선 젖을 뗀 시기를 기점으로 젖 양을 줄이는 마사지를 1일, 2일,

3일, 1주일, 2주일, 3주일 간격으로 진행하고 젖을 짜내는 횟수도 조금씩 줄여 나가도록 한다. 특히 이때 유방이 아프거나 딱딱해지는 후유증이 남지 않도록 오래된 젖을 깨끗이 짜내야 한다이를 제대로 하지 않았을 경우 유선염의 위험이 있다. 이렇게 관리하면 젖 분비는 1~6개월 정도 지나면서 자연스럽게 멈춘다. 그리고 단유 후 젖몸살이 오는 것 같으면 열이 날 때마다 감자 팩이나 알로에 팩, 혹은 양배추를 이용하여 풀어 주도록 한다아래의 표 참조.

감자 팩

재료 : 감자, 식초, 밀가루, 얇은 천, 거즈

1. 껍질을 벗긴 감자를 강판에 곱게 갈기.
2. 간 감자에 식초 한두 방울을 넣고 걸쭉한 정도가 되도록 밀가루와 섞기.
3. 얇은 천에 반죽이 된 감자를 올려 2~3mm 두께로 펴기.
4. 3 위에 거즈를 덮으면 감자 팩 완성.
5. 준비된 감자 팩을 유방에 대고 반창고를 이용해 고정하거나 천으로 덮기.

Tip
식초를 과하게 넣지 않고 유륜과 유두에는 팩이 닿지 않게 한다.

알로에 팩

재료: 알로에, 얇은 천, 거즈

1. 준비한 알로에를 씻고, 겉에 있는 가시들을 잘라 내기.
2. 알로에의 오목한 안쪽 가운데에 칼집을 내어 넓게 펼치기.
3. 젤리 상태의 투명한 부분이 가슴에 닿도록 거즈로 감싸기.
4. 3의 알로에 팩을 유방에 대고 반창고나 얇은 천으로 고정시키기.

Tip

유륜과 유두에는 붙이지 않으며 유방이 가렵거나 빨갛게 변하면 사용을 중지한다.

알로에즙이 말라서 건조해지면 교체한다.

엄마, 궁금해요!

Q. 유선염과 유구염의 차이는 뭐예요? 어떻게 그 증상에 대응해야 하는지도 궁금해요.

A. 유선염은 유구염과 비슷하면서도 다른 건데, 먼저 유선염은 수유 패턴이 불규칙할 때 나타나기 쉬워. 남아 있는 젖이 고여 있다가 곪아서 염증성 모유로 변하는 것이지. 또 깊은 젖 물림을 하지 못했을 때, 유관동 깊은 곳에 있는 젖이 나오지 못할 때, 유방에 속옷 등의 압박이 있을 때에도 모유가 곪아서 유선염을 일으킬 수 있어. 그리고 이렇게 유선염에 걸리면 유방 전체가 붉게 달아오르고 만져 보면 열이 있음을 알게 돼. 또 콕콕 찌르는 듯한 통증도 있고 유질 역시 좋지 않아 누렇고 끈적이지.

한편 유구염은 유관동과 유두가 딱딱하게 굳었을 때 나타날 수 있는 현상인데 굳어지는 정도가 심하면 유두와 유륜 부위까지 굳어져서 아기가 젖을 빨기 어렵게 되거든. 그럼 아기가 유두를 깨물어 상처기 날 수 있겠지. 그래서 유구염에 걸리면 유두가 헐거나 상처가 나서 수포가 올라오게 돼. 그리고 마치 칼로 긁는 듯한 아픔이 있고 염증 때문에 유두가 막히는 현상이 발생하기도 하지.

그럼 이런 증상이 나타났을 때 어떻게 대처하면 좋을까? 우선 유선염에 걸렸을 때는 일차적으로 고인 젖을 다 빼주어야 해. 그리고 물을 충분히 마시면 좋아. 꼭 유선염만이 아니더라도 우리 몸에 염증이 생길 때는 물을 많이 마시는 것이 좋단다. 다음으로 염증이 있는 젖을 다 뺀 것 같다면 그다음부터는 아기에게 젖을 자주 물려야 해. 고인 젖이 없도록 말이지.

하지만 유구염에 걸렸을 때는 젖을 물리지 않는 게 좋아. 이 경우에는 젖을 물려도 고통만 생길 뿐 아무런 효과가 없으니까. 대신 이 시기에는 유두 셀프케어를 통해 유두를 건강하게 해주어야 해.

딸아, 이것만은
꼭 기억하렴

1. 젖몸살

- 모유가 유방 안에 남아 있을 때 생기기 쉬움.
- 젖을 충분히 먹이는 것이 예방의 핵심: 아기가 젖을 깊이 문 상태에서 빨게 하기.
- 젖몸살에 걸리면 배유구 부위의 딱딱한 부분을 마사지하기.

2. 치밀 유방

- 치밀 유방은 혈액순환을 막고 유선이 가늘고 구부러져 모유 수유를 방해함.
- 방치하면 유방선종이나 유방암, 각종 혹이 생길 수 있음.
- 아기가 젖을 유관동까지 깊숙이 물고 빨게끔 하기.
- 모유를 1년 이상 오래 먹이기.
- 셀프 기저부 마사지 등으로 유방 관리하기.
- 조직이 점차 헐거워짐.
- 순환 잘되는 건강한 유방이 됨.

3. 단유

1) 단유의 방법

- 12개월 이후부터 14~15개월 정도에 실시.
- 강제로 하지 말고 아기 반응에 따라 계획적으로 시행하기.
- 곰돌이 단유법: 가슴에 곰돌이를 그리고 "이제 젖은 곰돌이에게 주자"라고 반복적으로 설명해 주기.
- 아기가 좋아하는 다른 음식 및 보리차로 젖을 대신하기.

2) 단유 후 유방 관리

- 단유 후 젖 양을 줄이는 마사지를 1일, 2일, 3일, 1주, 2주, 3주 간격으로 진행.
- 젖을 짜내는 횟수도 조금씩 줄여 나가기.
- 딱딱해지는 후유증이 남지 않도록 오래된 젖을 깨끗이 짜내기.
- 젖에 열이 날 때마다 감자 팩이나 알로에 팩, 혹은 양배추를 활용하기.

4장

산후 조리 중인 딸에게

10 산후 질환에 대해 미리 공부해 두자

To. 건강을 회복해야 할 딸에게

임신과 출산의 과정을 잘 이겨 내고 그 이후로도 모유 수유에 매달리느라 애쓰는 우리 딸을 생각하며 오늘도 편지를 쓴다. 이번에 엄마가 꼭 하고 싶은 이야기는 아주 간단해. 한마디로 '네 몸을 잘 챙겨라!'야. 그동안은 어떻게 하면 태교를 잘할 수 있을지, 아기를 잘 낳을 수 있는 방법은 무엇인지, 또 모유 수유는 어떻게 하는 게 좋은지 등을 이야기했잖니? 물론 그 모든 것이 결국 너를 위한 것이지만, 한편으론 너에게 엄마로서의 의무만을 설명한 것 같아 미안한 마음도 들더구나.

그래서 오늘은 우리 딸, 너 자신을 위한 이야기를 해주려고 해. 사실 아기가 태어나던 그날부터 네가 무척 행복해하면서도 한편으로는 조금 우울한 기색을 보였다는 걸 엄마는 알고 있단다. 그래서 출산 후 쉽게 겪는 산후 우울감이 찾아오는 것은 아닐까 걱정하기도 했어. 아기를 낳고 바로 모유 수유에 전념하느라 정작 너 자신의 몸을 못 돌보는 것 같아 너무나 안쓰러웠단다.

그래서 엄마가 출산 후 어떻게 산후 관리를 해야 할지를 틈틈이 정리해 보았어. 무엇보다 출산 후 나타나기 쉬운 대표적인 질환에는 어떤 것이 있는지를 설명해 보려고 해. 물론 아직 특별한 증상이 나타나지는 않았을 거라 여겨지지만, 그래도 미리 알아 두어야 대비도 하고 예방도 할 테니까.

엄마가 항상 곁에서 챙겨 주고 도와주면 더 좋을 텐데, 이렇게 글로써 대신할 수밖에 없으니 많이 미안해. 그래도 이런저런 내용을 정리해서 전해 줄 때마다 네가 그것을 잘 간직하고 열심히 지켜 주어서 참 고맙고 대견하단다. 이번에 보내 주는 내용도 꼭 기억하면서 네 몸을 잘 챙기렴. 엄마도 우리 딸이 산후 조리 잘해서 건강하기를 늘 기도할게.

산후 조리 중인 딸에게 전수하는 엄마의 '알짜 정리' 1

산후 우울증 1 – 산후 우울감과 산후 우울증

산후 우울감은 출산 후 4분의 3 이상의 산모가 갖게 되는 감정으로, 대개 출산 후 이틀째부터 증상이 시작되며 2주 이내에 회복된다. 물론 경우에 따라서는 몇 시간 정도만 증상이 나타나다가 사라지기도 한다.

산후 우울감의 대표적인 증상은 이유 없이 눈물이 나고 울적한 기분이 드는 것이다. 그리고 짜증과 불안 증상이 나타나거나 감정이 급격하게 바뀌기도 한다. 물론 이 정도 감정 기복이 생활 자체에 크게 문제를 일으키는 것은 아니지만 이러한 증상이 산후 우울증으로 이어지면 큰 문제가 된다.

산후 우울감과 비슷하면서도 보다 심각한 증상을 보이는 산후 우울증은 발병 시기가 늦은 편이고대략 출산 후 4주 전후부터 몇 개월 후 산모의 10~20퍼센트 정도에게서 나타난다. 그리고 이렇게 산후 우울증을 겪는 산모 중 4분의 1 정도가 1년이 지나도록 산후 우울증에서 벗어나지 못해 고생한다. 그러므로 우울한 감정이 오래 가시질 않고 심리적으로 위축된다면 단순히 기분 탓이라고만 생각하지 말고 병원에서 정확한 진단을 받고 적극적으로 치료해야 한다.

무엇보다 산후 우울증은 아기에게도 크게 영향을 미치기 때문에 더욱 주의해야 한다. 구체적으로 살펴보면, 엄마가 산후 우울증을 심하게 앓을 경우에 신생아는 극도의 스트레스를 받아 혈액 내에 콜레스테롤이 증가한다. 이러한 현상은 예민하고 각종 스트레스에 민감한 체질을 형성하므로 문제가 된다.

◆◆◆

산후 우울증 2 – 원인이 복합적이다

산후 우울증은 아직 원인이 정확하게 규명되지 않았는데, 그나마 가장 큰 원인으로 추측되는 것은 호르몬의 영향이다. 임신 기간에는 에스트로겐과 프로게스테론이 크게 증가했다가 출산 이후 그 농도가 다시 크게 감소한다. 이처럼 10개월 동안 증가해 있던 호르몬 수치가 급격하게 낮아짐에 따라 우울증 증상이 나타날 수 있다고 보는 것이다.

그 밖에 출산을 하고 나면 급격히 피로가 몰려오고 본격적인 양육에 대한 부담감이 스트레스로 쌓이는 것도 원인이 될 수 있다. 또한 밤중 수유 등으로 제대로 쉬지 못하면 체력이 현저히 약해져 심리 상태까지 흔들리게 된다.

한편, 이런 요인 외에도 가족력이나 환경적인 요인 등이 산후 우울증을 불러오거나 심화시킬 수 있다는 연구 결과도 나오고 있다. 실제로 가족 중에 산후 우울증 또는 일반 우울증을 겪은 사람이 있을 경우, 이 증상이 나타날 확률이 높아진다. 또한 출산 이후 배우자로부터 위로를 받지 못하거나 가족과의 마찰을 겪을 경우, 혹은 육아에 따른 경제적 부담이 심할 경우에 산후 우울증이 오기 쉽다. 그 밖에도 자신과 아기에게 다른 질환이 있거나 계획되지 않은 임신일 경우, 축복받은 출산이 아닐 경우 등에도 산후 우울증이 쉽게 찾아올 수 있다.

◆◆◆

산후 우울증 3 – 꾸준한 치료가 필요하다

산후 우울증은 원인만큼이나 증상도 복합적으로 드러나는데, 대부분의 증상은 일반적인 우울증과 비슷하지만 아기와 연관된다는 점에서는 차이가 있다.

우울하고 슬픈 감정이 지속되고, 일상생활에서 아무런 행복을 느끼지 못하거나 삶에 대한 가치를 잃고 작은 일에도 쉽게 피로를 느끼는 등의 증상은 일반적인 우울증과 유사하다. 한편 아기에게 관심을 갖지 않으려고 하거나 다소 폭력적인 언행을 보이기도 하고, 아기에게 어떤 문제가 생길지도 모른다는 막연한 불안함과 걱정에 휩싸이는 등 산모이기에 겪게 되는 증상도 있다.

이러한 증상이 나타나면 '시간이 가면 괜찮아지겠거니' 하고 가볍게 생각하지 말고 반드시 병원을 찾아 본격적인 치료를 받아야 한다. 특히 중증이거나 가족력이 분명히 있을 때는 약물 치료를 받을 필요가 있다. 약물 치료는 항우울제를 먹는 것이 보편적인데 약을 먹는다고 해서 바로 호전되지는 않으므로 꾸준한 치료와 복용이 수반되어야 한다. 이렇게 치료를 받을 경우 몇 개월 후빠르면 3개월, 늦으면 6개월 증상이 완화되는데, 이때 호전되었다고 해도 치료를 중단하지 말고 지속해야 한다. 그리고 이런 방법으로도 해결되지 않는다면 입원 치료를 권장한다.

산후 우울증 치료의 핵심은 그 무엇보다 산모 자신에게 달려 있다. 병을 이겨 내겠다는 강력한 의지와 기대가 있다면 치료는 더 빨리 진행될 수 있다. 더불어 가족이나 지인에게 자신의 상태를 솔직하게 털어놓을 수 있는 기회를 마련해야 하며, 가족에게 집안일, 육아 등의 도움을 청하는 것도 기피하지 말아야 한다. 그러면서 충분히 휴식을 취하고 올바른 영양 섭취, 산책, 간단한 운동 등을 통해 기분을 전환하려고 노력해야 한다.

◆◆◆

산후풍 1 – 출산 후유증의 복합체

출산을 하면 당장 몸이 춥고 불편하다고 느끼는 경우가 많지만, 이와 달리 별다른 불편함을 느끼지 않는 산모도 있다. 그러나 특별한 불편함이 없다고 해도 방심해서는 안 된다. 언제 산후풍이 찾아올지 모르기 때문이다.

산후풍은 출산 후에 나타나는 질환을 총체적으로 포괄한다고 해도 과언이 아니다. 즉, 시리거나 저린 것과 같은 관절의 문제나 감각 장애, 땀의 과다 분비, 우울증과 지나친 피로감 등이 산후풍의 대표적인 증상이다.

그렇다면 산후풍이 나타나는 구체적인 이유는 무엇일까? 우선 혈액순환의 문제를 들 수 있다. 아기를 낳은 후 어혈이 완전히 빠지지 않으면 혈액이 정상적으로 순환하기 어려워진다. 그러면 관절은 통증을 유발할 수밖에 없고 더 나아가 몸의 여러 부위에 문제를 일으키게 된다. 특히 아기를 낳을 때 유난히 출혈이 많았다면 산후풍이 심하게 올 수 있다.

그런데 이런 관절의 문제를 그냥 방치해 두어서는 안 된다. 당장은 일시적인 현상처럼 보일 수도 있지만 이 시기에 제대로 몸조리를 하지 않으면 신경통과 관절염이 지속되는 만성 질환으로 이어질 수 있기 때문이다.

한편, 임신 기간에는 근육과 인대를 이완시켜 주는 릴렉신이라는 호르몬이 많이 분비되는데 이로 인해 작은 충격만 받아도 근육이나 인대, 관절에 무리가 올 수 있다. 특히 이 문제는 골반만이 아닌 몸 전반에 나타나기 때문에 온몸의 관절이 약해질 가능성이 있다. 그러므로 출산 후에는 육아와 집안일을 과도하게 하지 말아야 한다. 약한 관절에 무리를 가하면 나중에 회복이 쉽지 않고 통증이 더욱 심해지거나 퇴행성관절염으로 진행될 수 있으니 주의해야 한다.

◆◆◆

산후풍 2 – 산후풍을 얕잡아 보면 안 된다

다양한 증상을 수반하는 산후풍은 자가 진단이 어려워 치료 시기를 놓치는 경우가 많다. 따라서 출산 후에는 작은 증상 하나도 간과하지 말고 주의 깊게 살펴야 한다. 산후풍의 징조를 제대로 파악하기 위해서는 손가락이나 손목 관절에 통증은 없는지, 어깨나 허리 등이 쉽게 뭉치지는 않는지, 추위가 쉽게 찾아오지는 않는지, 통증으로 인해 거동 자체가 어렵지는 않은지, 심리 상태가 처져 있지는 않은지를 살펴보아야 한다. 만약 이런 증상이 조금이라도 나타난다면 되도록 빠른 시일 내에 치료를 받도록 하자.

◆◇◆

산욕열 1 – 출산 후 고열을 방치하면 안 된다

출산 후에 몸에 열이 올라 지속된다면 산욕열이 아닌지 의심해 보자. 가벼운 열이나 일시적인 열이라면 모르지만 38도 이상의 고열이 이틀 이상 지속된다면 치료를 받아야 한다. 만약 이때 제대로 대처하지 않고 방치하면 나중에 패혈증과 같은 위험한 상황에 이르게 될 수도 있다.

산욕열은 일차적으로 세균 감염에 의한 것이다. 아기를 낳을 때 회음부나 자궁 부위에 상처가 생겨 세균에 감염되기 쉬운데, 이로 인한 염증이 고열을 비롯한 심각한 증상을 유발할 수 있다. 또한 젖몸살, 유선염과 같은 수유와 관련된 유방 문제 및 방광염도 산욕열의 원인이 될 수 있다.

산욕열 증상이 나타날 경우, 기본적으로는 항생제 치료에 들어가야 한다. 그리고 치료와 더불어 수분을 많이 섭취하는 등 열에 대처할 필요가 있으며 연하고 부드러운 음식을 섭취하면서 영양 상태를 보충해야 한다. 특히 열이 나는 동안에는 샤워를 해서는 안 된다.

◆◆◆

산욕열 2 - 산욕열 예방의 핵심은 청결이다

산욕열의 대표 원인은 회음부의 감염이다. 그러므로 이 부위에 소독을 잘 해주는 것이 가장 기본적인 예방법이라고 할 수 있다. 그런데 병원에서는 소독이 가능하지만 퇴원 후에는 스스로 하기 어려울 수 있다. 그러므로 자체적으로 시행할 수 있는 소독 방법을 병원에서 배워 두는 것이 좋다. 일반적으로는 과산화수소를 탈지면 등에 묻혀서 앞에서 뒤쪽 방향으로 닦아 내면 된다. 소독할 때 방향이 중요한데 이는 항문 주변의 대장균이 상처 부위에 옮겨 갈 위험이 있기 때문이다.

그 밖에도 면역력이 약한 상태임을 고려하여 출산 직후에는 바깥 활동을 자제하고 산모 패드를 수시로2~3시간 간격 갈아 주는 등 청결을 유지하도록 한다. 좌욕을 하는 것도 좋다.

◆◆◆

훗배앓이산후통 - 출산 후에도 배가 계속 아플 수 있다

출산을 한 후에 또다시 배가 아플 수 있다. 이것은 자궁이 본래의 크기로 되돌아가기 위해 수축하는 과정에서 나타나는 증상인데 대개 생리통과 비슷하게 아랫배 쪽이 아프다. 이런 증상은 지극히 자연스러운 현상이므로 크게 걱정할 필요는 없으며 대개 일주일 이내에 완화되는 경우가 많다. 하지만 그 이후로도 통증이 지속된다면 병원을 내방할 필요가 있다.

산후통은 초산일 때는 다소 약하게 나타나며 오히려 경산부 혹은 쌍둥이를 낳았을 때 심하게 나타난다. 이는 자궁이 회복되기까지 더 강력한 수축 활동이 필요하기 때문이다.

또한 모유 수유가 통증을 더욱 강화시킬 수도 있다. 그 이유는 모유가 분비될 때 옥시토신이 유선 근육의 수축을 일으키는데 이것이 자궁 수축에도 영향을 미치기 때문이다. 그러나 통증이 심한 대신 자궁 수축이 빨라지게끔 하여 산후통의 전체적인 회복 시기를 단축시키는 장점이 있다.

일반적으로 산후통을 극복하려면 아랫배 쪽에 손을 얹고 오른쪽 방향으로 마사지를 해주거나 배를 따뜻하게 해주는 것이 좋다. 하지만 통증이 심각할 경우에는 모유 수유에 영향을 주지 않는 타이레놀과 같은 진통제를 처방받거나 주사를 맞을 수도 있다.

엄마, 궁금해요!

Q. 자연분만과 제왕절개 분만의 퇴원 시기가 다른 이유는 뭔가요? 낳는 방법이 다르면 **산후 관리**도 다르게 해야 하나요?

A. 자연분만과 제왕절개 분만의 전체적인 산후 관리 방법은 비슷하지만 시기적으로 차이가 조금 날 수 있어. 먼저 자연분만을 하게 되면 첫날에는 회복을 위해 안정을 취해야겠지만 이틀째부터는 조금씩 움직이면서 간단한 운동을 해줄 필요가 있단다.

그리고 자연분만 후 주의해야 할 것은 회음부의 청결이야. 회음부 봉합부위가 세균에 감염되지 않고 빨리 아물 수 있도록 특히 조심해야겠지? 그래서 회음부 관리를 위해 병원에서 정해 준 시간에 좌욕을 해주는 게 좋아. 만약 특정한 이상이 없다면 사흘째 되는 날 회음부를 소독하고 봉합 상태를 다시금 확인한 후 퇴원을 하게 돼.

반면에 제왕절개는 아무래도 수술을 통한 분만이니까 통증이 더 심하게 남을 수 있어. 가스가 나오기 전에는 물을 마시거나 음식을 먹어서는 안 되기 때문에 고생스럽기도 해. 또한 저혈압 현상으로 인한 어지러움이 동반될 수 있으므로 주의해야 하고, 만약 가스가 나오면 물을 먼저 마시고 죽이나 밥을 먹기 전에 미음부터 먹어야 해. 아마 이때까지가 사흘째 정도가 될 거야.

이렇게 음식을 먹기 시작하면 기운을 좀 더 차리게 될 텐데 나흘째부터는 가능하다면 간단한 걷기 운동을 하는 것도 좋아. 그리고 대개 일주일 정도 되면 퇴원을 하는데 마지막 날에는 수술 부위의 실밥을 뽑는 처치를 받게 되고 특별한 이상이 없으면 퇴원할 수 있어.

그리고 자연분만 산모나 제왕절개 산모 모두 거동이 가능한 시기부터는 산욕기 체조 등을 간단히 하는 것이 좋고 퇴원한 후로도 일주일 후에는 병원을 다시 방문해서 진찰을 받아야 해.

딸아, 이것만은 꼭 기억하렴

1. 산후 우울증

1) 산후 우울증의 증상

- 대부분의 증상은 일반적 우울증과 비슷함.
- 아기에 대한 무관심 및 폭력 성향을 보임.
- 아기와 관련해 막연한 불안감에 휩싸임.

2) 산후 우울증의 치료

- 중증 또는 가족력이 있을 경우 약물 치료를 받는다.
- 치료에 대한 자신의 기대와 의지가 중요하다.
- 가족에게 도움을 청하고 충분한 휴식을 취한다.

2. 산후풍

1) 산후풍의 증상

- 시리거나 저리는 관절의 문제, 감각 장애.
- 땀의 과다 분비.
- 우울증과 지나친 피로감.

2) 산후풍에 대처하기

- 만성적 신경통, 관절염으로 이어질 수 있으니 방치하지 말자.
- 출혈이 심할 경우 더 심도 있는 관리가 필요하다.
- 과도한 집안일을 피하고 치료를 받는다.

3. 산욕열

1) 산욕열의 증상

- 갑작스러운 열의 지속.
- 젖몸살, 유선염, 방광염과 연관됨.

2) 산욕열의 예방과 치료

- 회음부를 소독하고 산모 패드를 자주 갈아 주는 등 청결에 신경 쓴다.
- 항생제 복용과 더불어 충분한 수분을 섭취하고 영양을 보충한다.
- 열이 있을 땐 샤워를 자제한다.

4. 훗배앓이산후통

- 자궁 크기가 회복되면서 나타나는 자연적인 증상이다.
- 모유 수유 시 더 아플 수 있다.

11 예상치 못한 산후 질환으로 고생하지 않으려면

To. 아직 몸이 성치 않은 딸에게

네가 아기를 낳아서 그런지, 요새는 산모 관련 뉴스나 다큐멘터리에 좀 더 귀를 기울이게 되는 것 같아. 특히 아기를 낳다가 잘못된 경우, 나중에 예상치 못한 병이나 후유증으로 고생하는 사연 등을 접하면 너무 안타깝고 속상해서 눈물이 나더구나. 특히 엄마는 병원이나 산후조리원, 모유 상담실 등에서의 경험이 있다 보니 산후 관련 문제를 겪는 산모들을 직간접적으로 많이 만나 봤어. 주변에 있는 누구가가 그런 안타까운 상황에 처하게 되면 내 마음도 한동안 비통해지곤 해. 다행히 우리 딸은 순산한 이후로 지금까지 특정한 문제가 나타나지는 않고 있지만 그래도 계속 조심해야 해.

물론 요새는 의료 시설이 잘 갖추어져 있고 기술도 발달해서 아기를 낳다가 잘못되는 경우는 거의 없는 것 같아. 옛날에는 아기를 낳다가 잘못되는 사례가 꽤 많았는데 말이야. 하지만 의료 기술의 발달과 별개로, 임신과 출산으로 인한 발병과 병의 악화는 여전히 많은 산모를 괴롭히고 있단다.

그래서 오늘은 좀 더 심각한 산후 질환에는 어떤 것들이 있는지, 엄마가 직접 접한 사례들을 중심으로 정리해 보았어. 병원 및 산후조리원, 모유 상담실에 있으면서 접한 일들 중에서 특별히 기억에 남는 것들로 말이야. 지난번에 정리한 것은 전반적으로 흔하게 나타나는 산후 질환이었다면, 오늘은 흔치 않은 질환에 대해 다루었단다. 흔한 질병이 아닌 만큼 그저 남의 일처럼 멀게 느껴질 수도 있을 거야. 그렇지만 이런 사례들을 알아 두면 혹여 어떤 질환이 찾아오더라도 병을 키우지 않을 수 있으니 잘 읽어 두도록 하렴. 물론 엄마는 우리 딸에게 이런 일이 생기지 않기를 간절히 기도하고 있단다.

산후 조리 중인 딸에게 전수하는 엄마의 '알짜 정리' 2

예상치 못한 산후 출혈

병원에서 운영하던 산후조리원에 있을 때의 일이다. 한 산모가 2주 동안 남편과 함께 있다가 퇴원을 하루 앞두고 남편을 먼저 집으로 보냈다. 그런데 퇴원 당일 새벽 2시경 산모가 갑자기 쓰러졌다. 쓰러지기 직전 산모 객실에 있는 인터폰으로 "도와주세요!"라고 응급 소식을 전해 그나마 위기를 모면할 수 있었다. 인터폰을 받고 달려가 보니 산모는 하혈을 하면서 쓰러져 있었다. 곁에 보호자가 없었던 터라 큰일 날 뻔한 상황이었다. 다행히 병원에서 운영하던 산후조리원이었기에 응급조치가 가능했고 급히 수혈을 받고 회복했다.

이처럼 산욕 기간에는 보호자가 늘 곁에 있는 것이 좋고, 상황이 어렵다면 휴대폰을 곁에 두거나 인터폰 활용법을 익혀 두는 등 언제든지 응급 연락을 취할 준비를 해두고 있어야 한다. 출산 후 몸이 회복되는 동안에는 예기치 못한 상황이 일어날 수 있기 때문이다. 또한 출산 후 6~8주 정도에 해당하는 산욕기에는 언제라도 하혈할 수 있음을 기억해야 한다.

◆◆◆

작은 증상을 간과하다 만성 고혈압으로

두 명의 아이를 둔 한 엄마는 젊은 나이임에도 고혈압 약을 지속적으로 복용하고 있었다. 출산 전까지만 해도 무척이나 건강한 사람이었는데 둘째를 낳고 혈압 조절이 되지 않아 만성 고혈압 진단을 받았다는 것이다.

이런 진단을 받게 된 원인은 임신 중에 단백뇨, 부종, 고혈압 등 임신 중독증임신성 고혈압, 전자간증 증상이 나타났을 때 제대로 치료를 받지 못했기 때문이다. 미약한 정도의 자각 증상이 있었지만 심하지 않아 치료를 가볍게 여기다 결국 이런 상황까지 오게 된 것이다. 그렇게 작은 증상을 대수롭지 않게 여겼다가 평생 질환으로 약을 먹으며 살아가는 경우가 꽤 많다.

◆◆◆

치료 시기를 놓친 골다공증

젖 양이 너무 많은 산모가 있었다. 산모는 젖 양을 조절하지 못해 젖몸살을 앓았고 통증으로 늘 괴로워했다. 젖의 질도 좋지 않았는데 100일까지 모유 수유를 고집하다 나중에서야 건강이 나빠지는 것 같아 단유를 결정했다.

그런데 그 산모에게 골다공증이 찾아왔다. 사실 산모는 임신 중에도 환도뼈 부위가 시리고 골반을 움직이기 힘들어 화장실에 갈 때 휠체어에 타야 했을 정도였다. 그럼에도 주변 사람들은 아기를 낳으면 괜찮아진다고만 얘기했다. 심지어 다니던 산부인과에서도 출산 후 괜찮아질 거라고 했기에 이 문제를 대수롭지 않게 여기고 안심하고만 있었다.

그러나 아기를 낳고도 환도가 불편하고 움직이기 힘들었다. 산모는 인터넷에서 비슷한 증상의 다른 산모들 사례를 접한 후 산후 골다공증만을 전문으로 하는 병원을 찾아갔고, 의사로부터 골다공증이라는 진단을 받게 되었다. 그때는 이미 골다공증이 심해져서 일상생활이 힘든 상태였으며, 특히나 모유 수유를 하는 동안 칼슘이 모유로 빠져나가 골다공증이 더 악화된 상황이었다.

결국 그 산모는 집안일도 제대로 할 수 없고 아기도 안기 힘든 지경에 이르렀다. 조금만 더 일찍 진단받고 치료를 서둘렀더라면 악화되는 것을 막을 수 있었을 텐데 시기를 놓치는 바람에 평생 고생하게 된 것이다.

골다공증은 일단 증상이 시작되고 나면 완치될 수 없는 질병인 만큼 예방이 최선책이며, 또한 발병 후엔 초기 진단과 치료가 매우 중요하다. 예방책으로 평소 칼슘을 충분히 섭취하는 것이 좋다. 특히 이런 증상이 찾아왔다면 칼슘이 모유로 빠져나가지 않도록 수유를 중단해야 한다. 또한 임신 중 체중이 지나치게 늘어나고 관절이 느슨해지면서 골다공증뿐 아니라 관절염이 올 수도 있으므로 출산 후에는 부적절하거나 과도한 관절 사용을 피해야 한다.

◆◆◆

안면마비, 얼굴 비대칭

산부인과 병원에서 함께 일하던 간호사 중에 한쪽 입이 돌아가 얼굴이 비뚤어진 동료가 있었다. 출산 후 안면마비가 왔을 때 내버려 두었다가 치료 시기를 놓쳐서 그렇게 되었다고 한다. 그는 앞으로 평생 입이 돌아간 채로 살아가야 한다.

반면 산부인과 병원에 입원했던 한 산모의 경우는 증상을 빨리 발견하여 치료가 가능했다. 산모가 웃을 때마다 얼굴이 비대칭이 되는 것을 알아챈 남편이 산부인과 의료진에 문의했고, 산부인과 측은 산모의 상태를 살핀 후 지체 없이 대학병원 응급실로 보냈다. 다행히 산모는 스테로이드 치료와 한방 치료를 받으면서 2~3개월 만에 완전히 회복했다.

이처럼 약간의 얼굴 비대칭이나 미세한 안면마비 증상도 절대 간과하지 말고 병원을 찾아 치료를 받아야 한다. 특히 면역력이 떨어지거나 스트레스, 과로 등으로 기력이 쇠했을 때 귀 뒷부분 통증 및 머리와 뒷목 통증이 오면 구안와사 초기 단계일 수 있으므로 가능한 한 빨리 진단을 받아야 한다.

◆◆◆

출산 시 과다 출혈로 인한 시한 증후군

부산 소재의 유명한 산부인과 병원에서 근무할 때, 건강 상태가 안 좋아서 수시로 입원하던 환자가 있었다. 그녀는 얼굴이 창백하고 눈빛이 흐릿했으며, 마른 막대기처럼 뻣뻣하고 다소 야윈 몸매를 소유하고 있었다. 그런데 놀랍게도 이전에는 매우 건강하고 아름다웠는데 출산 이후 외형이 변했다고 했다. 자초지종을 물어보니 분만 도중 출혈이 심해 수혈을 열다섯 병이나 맞고 정말 죽는 줄 알았다가 기적처럼 살아났다고 했다. 하지만 안타깝게도 정상적인 생활은 할 수 없었다. 아기를 돌보기도 어려웠고 계속 병원을 오가며 지내야 했다.

그녀의 병명은 시한 증후군이었다. 난산으로 인해 출혈이 심할 경우, 뇌하수체에 일시적으로 혈액 공급이 끊길 수 있는데, 이것이 뇌하수체에 이상을 갖게 하여 병을 일으키게 된다. 시한 증후군이 발병하면 젖 분비가 안 되는 것을 비롯하여 기본적인 욕구 저하 현상이 나타나고 털이 빠지면서 추위를 잘 타게 된다. 또한 골밀도 저하, 조기 폐경, 만성 저혈압 등으로 이어지기도 한다. 그러므로 출산 시 출혈이 심했던 산모는 가능한 빨리 치료를 시작해야 한다. 초기에 진단만 제대로 받으면 치료가 가능하다.

◆◆◆

유선염 방치로 유방농양 단계까지

젖몸살에 유선염까지 생겨 항생제 치료를 틈틈이 받던 산모가 있었다. 그 산모는 치밀 유방인 데다가 유선이 꼬불꼬불한 상태라 유선염에 자주 걸리곤 했는데 어느 날부터인가 치료를 중단했다. 조금 지나면 괜찮아질 거라 여겨 계속 관리를 받지 않아도 된다고 생각했던 것이다.

그런데 그 산모가 치료를 중단한 지 6개월 만에 가슴을 압박붕대로 감고 유방에 드레인을 박은 채 나타났다. 문제가 더 없으리라 여겼는데 한 번씩 아플 때마다 송곳으로 쑤시는 것 같아 병원을 찾았더니 그 사이에 유방농양이 심해졌다는 것이다. 결국 수술하고 드레인을 박은 채 농양을 배출해야 했다. 농양을 제거하고 나자 유방의 반 정도가 거의 푹 꺼진 상태가 되었는데 그나마 다행으로 농양이 터지지 않고 주머니 안에 고여 있어 주변 조직까지는 염증이 퍼지지 않았다.

이처럼 유선염을 가볍게 여겨서는 안 되며 염증성 모유는 모두 빼내야 한다. 그뿐만 아니라 필요하면 항생제를 투여하면서 유방 관리를 받아야 한다.

배유구염이 농양으로 번지다

간혹 배유구가 막혀 속에 있는 젖이 나오지 않는 경우가 있다. 한 산모는 배유구가 유난히 잘 막혀서 그때마다 자신이 주삿바늘로 막힌 곳을 따내고 수유를 계속했다고 한다. 그런데 어느 날은 정확히 막힌 곳을 못 찾아 여러 번 바늘로 찔러댔고, 결국 유두 전체가 퉁퉁 붓고 유관부종이 일어나 속에 있는 젖이 더 나오지 못하게 되었다. 그리고 그 사이에 유방 전체에 염증이 퍼져 상태가 심각한 지경에 이르렀다.

만약 그때라도 빨리 병원에 갔다면 치료가 훨씬 수월했을 것이다.

하지만 그 산모는 치료할 생각을 하지 않고 집에서 억지로 젖을 짜내려고만 했다. 그렇게 시간이 흘러 상태가 악화되고 나서야 병원을 찾지만 이미 젖이 곪아 딱딱해지고 찐득찐득한 고름처럼 되어 있었다. 결국 수술하여 배농해야 했다.

◆◆◆

출산 후에야 간암임을 알게 되다

산부인과 병원에서 함께 일했던 간호사가 병원에서 아기를 낳은 후 조리원에 입실했다. 그런데 퇴원한 산부인과에서 간기능 수치가 높다고 하여 대학병원에 의뢰했고, 가볍게 진료를 받으러 갔다가 그 길로 간암 말기 판정을 받고 병원에 입원했다. 특히 그 간호사는 가족력이 있었는데 친정 엄마도 동생이 세 살 되었을 때 간암으로 돌아가셨다고 했다.

그녀가 이 지경에 이른 것은 임신 기간에 특별한 자각 증상이 없었기 때문이었다. 그래서 간암이 있었는데도 발견하지 못하고 있다가, 출산과 함께 호르몬이나 영양 성분의 활성화 및 면역력 약화로 암이 빨리 악화된 것이다.

이처럼 임신 중에는 암에 걸려도 임신과 관련된 증상인 줄로만 알고 방치하다가 출산 시 악화되어 돌이키지 못하는 상태가 되는 경우가 많다. 그러므로 임신 중 작은 증상 하나하나에 민감하게 반응하여 몸 상태를 살펴야 한다.

◆◆◆

모유 수유 중 유방암을 발견하다

수유를 6개월째 하고 있던 산모가 모유에 문제가 있는 것 같다며 모유 상담실을 찾아왔다. 분유는 전혀 먹이지 않고 모유 수유만 했던 산모였는데, 검사를 해보니 유방 속에 딱딱한 덩어리가 있었고 모유 색깔이 마치 고름 젖처럼 나오고 있었다. 심지어 검붉은 피가 섞여 나오기까지 했다.

그녀는 그저 덩어리를 풀어 달라고 내원한 것인데, 상태를 좀 더 자세히 살펴보니 유방 표면 일부분이 귤껍질처럼 우둘투둘했고 피부색이 살짝 연갈색으로 변해 있었다. 대부분 수유 중 덩어리가 만져지면 젖 뭉침인 경우가 많으나 그 산모는 조금 달랐다. 아무래도 정밀 검사를 받는 편이 좋을 것 같다고 권했고, 검사 결과 유방암이라는 진단이 내려졌다.

특히 모유 수유 중에는 암의 진행 속도가 더 빠르기 때문에 각별히 주의해야 하며, 유방 상태가 조금이라도 이상하면 반드시 병원을 찾아 진단을 받아야 한다.

엄마, 궁금해요!

Q. 산후에 걸릴 수 있는 그 밖의 **다양한 질환**에 대해 알려 주세요.

A. 산후 질환의 종류는 지금까지 다룬 것들보다 더 다양해. 앞서 언급한 산후 우울증, 산후풍, 산욕열, 훗배앓이, 젖몸살, 유선염, 임신 중독증 후유증, 시한 증후군, 구안와사, 만성 고혈압, 골다공증, 각종 암, 산후 출혈, 유방 농양 외에도 빈혈, 변비, 요실금, 변실금, 산후 비만, 치아 질환, 자궁후굴요통, 관절염퇴행성 관절염, 류마티스성 관절염, 치질 등이 나타날 수 있어.

아마 빈혈, 변비, 치질, 비만, 치아 질환, 관절염 등은 익숙한 것이니 잘 알 거야. 그런데 조금 생소한 것들이 있지? 그것들에 대해 간략히 설명해 줄게.

우선 요실금, 변실금은 큰 아기를 출산한 경우, 혹은 부적절한 힘주기를 했을 때 나타나기 쉬운 질환인데 집중적인 질 수축 운동으로 해결될 수 있어. 질 수축 운동의 방법은 다음에 다시 정리해 줄게.

한편, 자궁후굴은 요통, 골반통이라고도 하는데 임신 중 커져 버린 자궁이 출산 후 무게 때문에 뒤로 후굴되는 증상이야. 이때 너무 누워만 있으면 안 되고 골반 및 자궁을 바로잡아 주는 산후 체조를 하는 게 좋아.

딸아, 이것만은
꼭 기억하렴

1. 산후 질환의 종류

1) 대표적 증상

- 산후 우울증, 산후풍, 산욕열, 훗배앓이.

2) 일상적 증상이지만 산후 질환으로 연결될 수 있는 증상

- 빈혈, 변비, 산후 비만, 치아 질환, 관절염, 치질.
- 구안와사, 만성 고혈압, 골다공증, 각종 암, 요실금, 변실금.

3) 산모에게만 나타나는 특이 증상

- 젖몸살, 유선염, 임신 중독증 후유증, 시한 증후군, 산후 출혈, 유방농양, 자궁후굴요통.

2. 산후 질환에 대처하는 자세

1) 보호자를 곁에 두어야 한다

- 출혈 등 예상치 못한 상황에 대비.
- 보호자가 없을 시 비상 연락 수단 지참.

2) 필요에 따라서는 모유 수유를 중단해야 한다

- 모유 수유 시 칼슘이 빠져나가므로, 뼈가 시리는 등의 문제가 있을 때는 주의해야 한다.

3) 임신 중 이상 징후를 간과하지 않는다

- 심각한 병의 징후가 임신으로 인한 증상과 혼동될 수 있으므로 불편한 증상이 있으면 바로 진단을 받아야 한다.
- 임신 중 단백뇨, 부종, 고혈압 등 임신 중독증 증상이 지속되지 않도록 관리한다.

4) 얼굴 비대칭, 안면마비 증세 주의

- 구안와사로 진행될 수 있으므로 가능한 한 빨리 진단받아야 한다.

5) 유선염, 배유구염 주의

- 유방농양 단계로 이어질 수 있으므로 정확한 진단과 유방 관리를 받아야 한다.

12 산욕기 건강 관리가 인생 건강을 좌우할 수 있다

To. 회복을 위해 노력하는 딸에게

인생에서 가장 힘들었던 기간이 언제였냐고 묻는다면 엄마는 망설임 없이 산욕기라고 말할 것 같아. 다른 힘든 시간도 많았지만 이때는 아주 기본적인 것조차도 자제하고 참아야 했거든. 가령 씻는 것도 내 마음대로 할 수 없어서 너무나 힘들고 불편했지. 물론 아기가 태어났다는 기쁨이 있기에 그 시간도 잘 넘길 수 있었지만, 그 기간 자체만 놓고 본다면 정말 암울했던 것 같아.

그래서 지금 네가 얼마나 힘들지 공감한단다. 정말이지 출산의 고통은 한순간이라지만 산욕기는 기간부터가 길기에 부담될 수밖에 없는 것 같아. 아마 우리 딸도 산욕기에 어떤 것들을 주의하고 지켜야 할지 많이 배웠을 거야. 분명 병원에서도 잘 가르쳐 주었을 거고. 하지만 혹시라도 놓친 것, 잊어버린 것이 있을지 모르니 이 기회에 한 번 더 정리해 주고 싶구나.

그리고 앞서서 산후 관리와 산후에 나타날 수 있는 질환에 대해 정보를 나누었는데, 산욕기에 보다 조심하고 몸 관리를 잘한다면 산후 질환도 잘 이겨 낼 수 있을 거야. 물론 어떤 순간에는 너무 답답하기도 하고 빨리 이 시간이 지나기만 바라기도 하겠지. 함부로 밖에 나가지도 못하니 더 불편할 테고. 하지만 그럴 때마다 '지금 산욕기를 잘 보내는 것이 평생의 건강을 좌우한다'는 마음으로 버텨 주길 부탁해.

우리 딸은 10개월의 임신 기간도 잘 견뎠고 출산도 잘 이겨 냈으니까, 분명 지금 이 산욕기도 잘 보낼 수 있으리라 믿어. 부디 산욕기에 완벽하게 산후 조리를 잘해서 남은 인생을 더 건강한 모습으로 살아가길 기대할게.

산후 조리 중인 딸에게 전수하는 엄마의 '알짜 정리' 3

산욕기에 지켜야 할 기본 지침들

출산 후 샤워는 최소 3일 후부터 시작하는 것이 좋은데, 만약 몸 상태가 좋지 않다면 일주일 정도 샤워를 하지 않는 편이 좋다. 그리고 탕 속에 들어가는 목욕은 적어도 한 달 후부터 시작하는 것이 좋다. 그 이유는 오로분만 후 나타나는 질 분비물가 완전히 없어져야 하며, 세균 감염의 우려가 있기 때문이다. 특히 샤워할 때는 아무리 덥더라도 반드시 더운 물로 씻어야 하고 평상시에도 보온에 주의해야 한다.

그런데 몸을 따뜻하게 하되, 방 온도를 너무 덥게 하기보다는 20도 정도로 만들어 주는 것이 좋고, 찬바람은 쐬지 않도록 더욱 유의해야 한다. 그렇게 적절한 온도에서 몸을 따뜻하게 해준 채 누워 있어야 하는데, 출산 후 1주 정도는 누워 있는 시간이 대부분일 정도로 안정을 취해야 한다.

집안일은 출산 후 3주가 지나고 시작하는 것이 좋은데, 이때도 관절에 무리가 가지 않게 해야 한다. 특히 기본적으로 육아에 많은 에너지가 소모되는 만큼 기본적인 집안일을 하더라도 평소처럼 해서는 안 되며, 최대한 가족의 도움을 받아야 한다.

한 달 정도가 지나면 외출을 시작할 수 있는데 멀리 나가지 말고 가까운 곳을 위주로 다니도록 한다. 그리고 한 달이 지났어도 오래 걷거나 긴 시간 동안 차를 타는 것은 피해야 한다.

◆◆◆

올바른 방법으로 산후 운동 및 체중 관리 시작하기

아마도 출산 후 많은 산모가 민감하게 반응하는 것 중 하나가 체중 조절 문제일 것이다. 대부분 임신 기간에 불어난 몸을 원래대로 회복하고자 운동을 하며 체중 관리를 시도하지만, 조급한 마음 때문에 오히려 스트레스가 쌓이기 쉽다. 그러나 산후 운동은 몸매 회복을 위한 다이어트 차원에서보다는 건강을 회복한다는 차원에서 해야 한다.

대표적으로 산모에게 좋은 운동은 척추, 골반, 관절을 제자리로 맞출 수 있는 체조, 요가, 스트레칭 등이다. 이런 운동은 원활한 움직임이 가능한 시기부터 바로 시작해도 된다. 오히려 빨리 시작하는 것이 유리할 수도 있다. 그런데 운동을 하더라도 복부나 허리 근육을 쓰는 운동은 피해야 하며 고관절을 쓰는 운동도 하지 말아야 한다. 운동을 하다 보면 복근과 자궁의 과다 수축 현상 때문에 복통을 느낄 수 있으므로 이 점도 늘 신경 써야 한다.

또한 운동을 하는 만큼 영양 섭취도 충분히 해주어야 한다. 특히 모유 수유를 할 경우 열량 소모가 많으므로 다이어트를 한다고 식사를 거르려고 해서는 안 된다.

동양권과 서양권의 산후 조리 방식이 다른 이유

우리나라의 산후 조리는 보통 산모의 건강과 회복에 가장 큰 관심을 둔다. 그러다 보니 출산 후 샤워도 바로 못하게 하고 바깥에도 절대 못 나가게 한다. 그런데 이와 달리 서양권 산모들은 아기를 낳고 난 후 바로 샤워를 하고 외출을 하는 등 우리나라 병원에서 제시하는 방법과는 다른 행동을 보이곤 한다. 그래서 '서양권 산모도 저렇게 하니 우리도 바로 샤워하고 돌아다녀도 되지 않을까?'라는 생각을 하게 되기도 한다. 그러나 동양권 산모와 서양권 산모의 산후 조리 방식이 다른 것은 단지 인식의 차이 때문이 아니라 신체적인 차이 때문임을 이해해야 한다.

서양권 산모의 경우 동양권 산모에 비해 골반이 큰데 아기의 머리는 더 작은 편이어서 출산 시에 골반이 동양권 산모처럼 심하게 벌어지고 틀어지지 않는다. 또한 서양인은 비교적 몸에 지방질이 많은 열성 체질인 데다가 기본 체력이 좋기 때문에 출산 때 체력 저하가 크지 않아 출산 후유증이 심하지 않은 편이다. 실제로 서양권 산모들은 동양권 산모들보다 분만할 때 힘을 덜 쓴다고 한다.

그러나 동양권 산모는 골반이 작은 데다가 아기의 머리는 큰 편이라 출산 시 골반이 심하게 벌어지고 틀어지며, 냉한 체질로 인해 냉기 및 찬바람 앞에서 약해질 수밖에 없다. 그러므로 출산 후 샤워나 찬바람을 조심해야 하며 거동도 주의해야 하는 것이다. 더불어 기본 체력도 약한 만큼 산후 조리에 각별히 신경을 써야 한다.

◆◆◆

여름에 출산한 산모의 산후 조리 방법

앞서도 언급했듯, 여름에 아기를 낳으면 땀이 많이 날 수밖에 없지만 샤워는 적어도 3일혹은 7일 이후에 해야 한다. 땀이 많이 났을 때는 수건에 따뜻한 물을 적셔서 닦아 주는 정도로 관리하는 것이 좋다. 그리고 나중에 샤워를 한다고 해도 방 안의 온도를 충분히 따뜻하게 한 후 시작해야 한다.

한편 여름이기 때문에 선풍기나 에어컨을 사용할 수밖에 없는데,

이때 산모는 바람을 직접 쐬지 않아야 한다. 따라서 냉방기의 방향을 잘 조정해서 간접적으로 시원함을 느낄 수 있도록 한다바람이 벽을 향하게끔 틀어 놓기. 또한 밖에서 들어오는 바람에도 방심해서는 안 된다. 만약 이때 바람을 잘못 쐬면 산후풍이 올 수도 있다. 이와 더불어 사용하는 에어컨과 선풍기의 청결 상태도 고려해야 하는데 수시로 필터를 교환하고 먼지를 닦아 주는 등 깨끗한 공기 속에서 지낼 수 있게 해야 한다.

먹는 것도 조심해야 하는데, 시원한 물과 음료가 생각나더라도 산욕기에는 찬 것을 자제해야 한다. 출산을 하면 치아가 약해져 찬 음식을 먹거나 음료를 마실 경우 풍치가 올 수 있기 때문이다. 그뿐 아니라 위장의 기능도 평소보다 약한 상태이므로 찬 음식을 더욱 피해야 하며, 최소한 미지근한 상태의 것을 먹고 마시도록 해야 한다.

그리고 여름이지만 최소 출산 후 3주까지는 긴팔 옷, 긴바지를 챙겨 입어야 하며 수면 양말이나 일반 양말을 신어 발을 따뜻하게 하는 것이 좋다. 단, 옷이나 양말은 꽉 끼지 않도록 약간 헐렁하게 입는 것이 좋다.

잠을 잘 때 또한 몸을 따뜻하게 하되, 너무 덥게 해서는 안 된다. 땀을 많이 흘릴 경우 오히려 감염이 되기 쉽기 때문이다. 따라서 잘 때는 가볍고 시원한 이불을 덮고, 옷도 면 소재로 되어 땀 흡수가 빠른 것을 입도록 한다.

◆◆◆

겨울에 출산한 산모의 산후 조리 방법

겨울에 출산을 하면, 여름에 느끼는 덥고 찝찝한 기분은 피할 수 있으나 조심해야 할 것은 오히려 더 많아진다. 우선 추운 날씨인 만큼 산후풍에 걸릴 위험이 높아진다. 그러므로 각종 바람에 노출되지 않도록 더욱 주의해야 한다. 특히 산모의 몸에는 수분이 많아서 조금만 차가운 바람이 닿아도 시린 증상이 가시지 않을 수 있다. 그러므로 목도리, 장갑, 모자 등을 잘 활용해 몸의 각 부위를 철저히 보온해야 한다. 보온을 위해 옷을 선택할 때는 두꺼운 것보다 얇은 옷을 여러 겹 입는 것이 활동성과 보온성에 유리하며, 이왕이면 하의를 더 두껍게 입는 것이 좋다. 윗부분보다 아랫부분에서 땀이 덜 나기 때문이다.

한편 보온을 이유로 실내 환기를 기피하는 것은 좋지 않다. 쾌적한 실내 공기가 산모 건강에 매우 중요한 요소이므로 겨울철에도 반드시 환기를 자주 해야 하는데, 이때는 산모가 자리를 옮기거나 이불

안에 들어가 있으면 된다.

산모에게 적절한 온도는 22도 정도이므로 이 온도를 유지하는 것이 좋다. 따라서 문풍지를 활용하여 바람이 창문으로 들어오지 않도록 막는 등의 조치가 필요하다. 한편 습도는 가습기를 활용하여 조절하면 좋은데 산모는 아직 호흡기가 약한 상태이므로 가열식 가습기를 쓰는 것이 더 효과적이다. 가습기 대신 젖은 수건을 많이 걸어 두는 것도 좋은 방법이다. 가습기를 사용할 때는 기기 청소에 신경을 써야 한다. 가습기는 매일 청소해야 하는데, 만약 청소를 제대로 하지 못할 것 같으면 아예 쓰지 않는 편이 낫다. 그리고 겨울철이라 밖에 나가는 것이 몸에 무리가 될 수 있으므로 운동을 하고 싶다면 실내 운동 위주로 하고 외출도 가급적 자제하는 것이 좋다.

엄마, 궁금해요!

Q. **요실금** 때문에 **질 수축 운동**을 하려고 하는데 구체적인 방법을 알고 싶어요. 그리고 어느 정도 해야 하나요?

A. 요실금을 해결할 수 있는 가장 좋은 방법은 질 수축 운동이야. 사실 요실금은 폐경기 이후 여성에게 나타나기 쉬운 증상이긴 해. 하지만 출산 후의 여성에게도 나타날 수 있어 주의해야 하지. 기침을 하는 등 배에 힘이 들어갈 때 이 증상이 더 잘 나타나기도 하고, 어떤 경우는 소변이 자주 마려운 것과 같은 배뇨 장애가 생기기도 해.

그럼 질 수축 운동을 어떻게 하는지 알려 줄게. 먼저 의자의 뒤쪽에 서서 발꿈치를 들도록 해. 그다음 항문을 수축한 상태에서 10초 정도를 세고, 20~30초 정도 이완하며 휴식하는 거야. 너무 간단하지? 그런데 10초 정도 수축시켰다가 20~30초나 쉬는 것은 아직은 근육 상태가 약하기 때문이야. 그래서 처음에는 이 정도로 길게 쉬지만 만약 근육이 강해졌다면 10초 수축, 10초 휴식으로 바꾸어도 돼.

질 수축 운동은 어느 정도 해야 효과적일까? 일단 이 운동은 적어도 6개월 동안 한다고 생각해야 해. 좀 길긴 하지? 그리고 한 번에 10회 정도 한다고 보면 되고 이것을 하루에 3세트씩 하면 좋아.

특히 이 운동은 워낙 간단하기 때문에 일상생활 중에 언제든 할 수 있어. 그러니까 꼭 집에서만이 아니라, 외부에서도 시간적 여유가 있을 때마다 하면 좋겠지?

딸아, 이것만은 꼭 기억하렴

1. 산욕기에 지켜야 할 기본 지침

- 출산 후 샤워는 최소 3일혹은 7일 후에 한다.
- 보온에 신경 쓰고, 관절에 무리가 가지 않도록 한다.
- 장거리 이동은 피한다.

2. 산후 운동 및 체중 관리

- 척추, 골반, 관절을 제자리로 맞추는 운동체조, 요가, 스트레칭 등을 한다.
- 충분한 영양 섭취와 병행한다.

3. 동양권 산모와 서양권 산모의 산후 조리

- 동양권 산모는 골반이 작고 아기 머리가 크기 때문에 골반 틀어짐이 심하다.
- 서양권 산모에 비해 기본 체력이 약하다.
- 따라서 동양권 산모는 철저한 산후 관리가 필요하다.

4. 여름철 산후 조리와 겨울철 산후 조리

1) 여름철 산후 조리

- 땀이 많이 났을 때는 따뜻한 물을 수건에 적셔서 닦기.
- 선풍기, 에어컨 바람 간접적으로 쐬기.
- 찬 음식 주의.
- 긴팔, 긴바지, 양말 등 착용.

2) 겨울철 산후 조리

- 몸의 각 부위를 철저히 보온하기.
- 바람을 주의하되, 자주 환기하기.
- 얇은 옷을 여러 겹 입기.
- 청결한 가습기나 젖은 수건으로 습도 조절하기.
- 외출 자제하기.

5장

처음 아기를 키워 보는 딸에게

13 아기의 성장 과정을 미리 알아 두렴

To. 육아를 막연히 두려워하고 있을 딸에게

아기를 낳고 처음 품에 안았을 때의 마음을 기억하니? 엄마도 너를 낳고 처음으로 안았을 때가 아직도 생생하단다. 분만실에서 핏덩이인 너를 얼핏 보았을 때, 그리고 신생아실에서 다시 너와 마주했을 때, 또 처음으로 너를 안고 모유를 먹였을 때, 그때의 감격은 아직도 잊히지 않는구나. 아마 너 역시도 지금 아기와 함께하는 순간순간이 소중하게 기억에 남으리라 생각해.

그렇게 사랑스럽고 귀한 아이인 만큼 앞으로 어떻게 키워야 할지 두려움이 많겠지. 아무리 이론적으로 많이 보고 배웠다고 해도 실전은 또 다른 문제니까. 특히 지금은 만지는 것조차 조심스러운 신생아라 더욱 걱정이 클 거야. 하지만 너도 생각하지 못한 사이에 시간은 빨리 흐르고 아기도 자연스럽게 성장해 나갈 거야. 그래서 1년 정도가 지난 후, 지금 이 순간들을 떠올리면 그저 웃음만 나오지 않을까 싶다. '언제 내가 이렇게 키웠을까?', '우리 아기가 언제 이렇게 컸을까?' 하면서 말이야.

그런데 처음으로 아기를 키워 보는 우리 딸을 위해 엄마가 먼저 가르쳐 주고 싶은 것이 있어. 그건 바로 개월 수에 따른 아기의 성장 단계란다. 물론 여기서 모든 내용을 세세히 다룰 수는 없어. 하지만 '어떤 시기에, 어떤 단계까지 발달하고 성장하는지'를 대략적으로나마 미리 알아 둔다면 육아에 대한 막연한 두려움이 줄어들 거라 생각해. 실제로 둘째를 키우는 엄마들이 부담 없이 아기를 키울 수 있는 것도 이와 같은 원리야. 첫아기가 어떻게 성장하는지 쭉 지켜본 경험 때문에 부담을 덜 느끼는 거지.

그러니 정리한 내용을 읽어 가면서 '다음 달에는 아기가 어떻게 변하겠구나', '또 그다음 달에는 어떤 식으로 변하겠구나' 하고 예상해 보렴. 그것만으로도 아기를 키우는 데에 큰 도움이 될 거야. 참, 그리고 아기마다 발달 속도는 다를 수 있으니 조금 늦더라도 절대 걱정하지 말고!

엄마의 역할을 시작한 딸에게 전수하는 엄마의 '알짜 정리' 1

이제 막 세상에 나온 신생아

아기가 갓 태어나서 한 달까지를 신생아기로 본다. 이때는 안기도 조심스러울 만큼 약한 상태이기 때문에 각별한 주의가 필요하다. 주기적으로 체온을 재고 건강 상태를 수시로 점검해야 하는데, 만약 체온이 38도 이상으로 오르면 의사에게 알려야 한다.

이 시기의 가장 큰 특징은 수면 시간이 매우 길다는 것이다. 젖을 먹을 때를 제외하고는 대부분의 시간을 잔다고 보면 된다대략 18~22시간. 특이하게도 신생아 초기엔 태어났을 때보다 체중이 줄 수 있는데, 이는 젖을 먹는 일이 아직 익숙하지 않은 상태에서 배설량은 오히려 많아지기 때문이다하루에 두세 번도 가능. 그러다가 일주일에서 열흘 정도 지나면 처음 몸무게를 회복하고 점차적으로 늘기 시작한다.

한편 탯줄 관리도 잘해야 한다. 탯줄은 대략 일주일에서 열흘 사이에 떨어지며, 이 부위를 틈틈이 소독해 주어야 한다. 약국에서 파는 소독 전용 솜이나 소독약을 활용하자.

또한 이 시기에는 황달이 생기는지 잘 관찰해야 한다. 신생아 황달은 간의 빌리루빈 수치가 일시적으로 높아져서 생기는 현상으로 피부가 노랗게 뜨는 초기 증상을 동반한다. 만약 아기가 평소에 비해 누런 것 같다고 판단되면 즉시 조치를 취해야 한다. 간의 빌리루빈 수치 이상은 아기의 대변량을 늘리면 특별한 경우를 제외하고는 자연적으로 치유된다. 그러므로 젖 양을 늘려서 아기가 많이 먹고 많이 배변할 수 있게 돕는 것이 좋다. 엄마의 젖 양이 적을 경우나 빠른 효과를 위해서 분유를 권장하기도 하지만, 가능하면 깊은 젖 물리기를 자주하면서 젖 양을 늘리는 것이 좋다. 물론 그렇게 해도 젖이 잘 돌지 않거나 양이 너무 적은 상황이라면 모유 수유를 한 후 분유를 보충하여 많은 양을 먹을 수 있게 해야 한다. 한편 황달 증세가 심해지면 병원 치료를 받아야 한다. 심할 경우 눈의 결막, 내장, 뇌세포에까지 영향을 줄 수 있기 때문이다.

점점 세상에 적응해 가는 1~2개월

신생아 때는 피부가 다소 쭈글쭈글하지만, 보통 한 달 정도가 지나면 살이 본격적으로 올라 뽀얀 아기 피부를 갖게 된다. 아직 목을 가누는 것은 어렵지만 살짝 고개를 돌리는 등의 움직임을 보일 수 있으며 손을 빨거나 긁기도 한다. 따라서 얼굴에 상처가 나지 않도록 손싸개를 씌우는 경우가 많다.

이 시기에는 아기가 다양한 환경적 자극에 반응하기 시작하므로 이전처럼 지켜만 보지 말고 함께 놀아 주는 것이 좋다. 가령 모빌이나 딸랑이 등으로 자극을 주면서 놀아 주면 아기는 다리와 손을 움직이는 방식으로 다양한 반응을 보인다. 2개월 미만의 신생아는 흑백만 보이기 때문에 흑백 모빌을 준비하고, 2개월 후에는 색깔 모빌로 바꿔서 달아 준다. 또한 이때부터는 서서히 간단한 산책도 하면서 햇빛을 쬐게 해야 하는데 이것은 비타민 D를 보충해 주는 효과가 있다. 이와 함께 바깥 세상에 적응하도록 돕는 역할도 한다.

움직임이 좀 더 자연스러워지는 2~3개월

1~2개월 시기의 몸 움직임은 주로 반사 반응에 의한 것이다. 그런데 2~3개월이 되면 조금 더 자연스럽고 자율적인 움직임을 보이게 된다. 모유를 먹을 때나 천장 모빌을 볼 때 눈을 다양한 곳에 두는가 하면, 더욱 적극적으로 손가락을 입에 갖다 대고 빨기도 한다.

소리에도 보다 민감해져서 소리가 나는 쪽으로 고개를 돌릴 수 있는데 이때 아기에게 가장 의미 있게 들리는 소리는 엄마의 소리이다.

또한 아기가 내는 소리 역시 조금 더 발달하여 옹알이를 시작한다. 이때 엄마가 아기에게 말을 걸면서 적극적으로 반응하는 것이 좋으며, 동시에 아기가 어떤 의사를 표현하려는 것인지 잘 살펴야 한다.

그리고 보통 이 시기에 본격적으로 목 가누기를 시도하는데, 빠르면 이때 성공하기도 하지만 늦을 경우에는 5~6개월까지 이어지기도 한다. 아기를 안았을 때 고개가 흔들리지 않는지, 겨드랑이만 잡고 안은 상태에서도 고개가 떨어지지 않는지 등으로 목 가누기 성공 여부를 판단해 볼 수 있다.

◆◆◆

대뇌 신경이 반응하기 시작하는 3~4개월

이 시기가 되면 감정 표현이 보다 확실해져서 소리를 내며 웃을 수도 있다. 마음에 들지 않는 일 앞에서는 인상을 쓰는 듯한 표정을 짓기도 하고 울음소리가 보다 커지며 옹알이도 더욱 잘하게 된다. 또한 출생 당시 몸무게의 두 배 정도로 체격이 발달하며, 여러 가지 놀잇감 앞에서 다양한 반응을 보이기도 한다. 특히 이때는 본격적으로 노는 것을 좋아하게 되는 시기이므로, 아기가 잠을 자지 않을 때는 장난감을 활용하거나 대화를 시도하면서 자주 놀아 줄 필요가 있다.

그만큼 대뇌의 신경이 특정 사물에 대해 반응을 보이게 되는데, 경우에 따라서는 장난감을 직접 쥐고 흔들 수 있게 해주어도 좋다.

◆◇◆

자율적 움직임이 본격적으로 시작되는 4~5개월

이 시기에는 다양한 자극에 대한 반응이 커진다. 대부분의 아기가 장난감을 비롯한 새로운 물체에 손을 내밀며 반응하고 서서히 색도 분별하기 시작한다. 또한 특정한 소리에 특정한 반응을 보일 뿐만 아니라, 낯선 사람을 경계하는 낯가림도 시작된다. 그런데 이렇게 행동의 변화가 커지는 것에 비해 체중의 변화는 크지 않은 편이다.

대부분의 아기가 이 시기에 목 가누기를 완성하는데 이것에 성공하면 본격적으로 뒤집기 연습을 시작한다. 이것은 특별히 가르쳐 주지 않아도 아기가 본능적으로 시행하며, 처음에는 한쪽 손, 어깨를 들어 돌리는 방식으로 시도하게 된다.

이때부터는 바깥 구경을 더 많이 시켜 줄 필요가 있다. 날씨가 좋을 때 바깥에 나가서 다양한 자연과 햇빛을 접하면 호흡의 저항력도 길러지고 일광욕의 효과도 거둘 수 있다.

◆◇◆

이유식을 먹기 시작하는 5~6개월

이전에 목 가누기와 뒤집기에 성공한 아기는 이때부터 본격적으로 기는 연습을 하기 시작한다. 아기가 기기 시작했다는 것은 근육의 움직임이 발달했다는 사실뿐만이 아니라, 방향 감각과 같은 두뇌의 활동 역시 발전하고 있음을 보여 준다. 한편, 기어서 움직인다는 것은 그만큼 위험에 노출될 가능성도 커졌다는 의미이므로 아기가 부딪힐 수 있을 만한 것을 미리 치워 두거나 모서리 보호대 등을 붙여 놓는 등 각별한 주의를 기울여야 한다.

이 시기에는 움직임이 왕성해짐과 더불어 호기심도 더욱 증대된다. 아빠와 엄마의 목소리도 구분하게 되고 시끄러운 소리에 관심을 보이며 다양한 물건을 입에 넣으려고 하기도 한다. 그러므로 작은 물체들이 바닥에 놓여 있지 않도록 늘 조심해야 한다.

이 시기의 큰 변화 중 하나는 이유식을 시작한다는 것이다. 처음에는 옅은 미음을 먹이고 이어서 과일이나 채소가 들어간 연한 미음을 먹게끔 한다. 그리고 6개월쯤 되면 고기도 넣기 시작한다. 고기는 소고기나 닭고기 위주로 먹이는 게 좋으며, 특히 소고기는 개월 수에 맞는 일정량을 매일 꾸준히 먹여야 한다. 물론 아직까지는 이유식만으로 영양 섭취가 안 되므로 모유나 분유와 병행해야 한다.

◆◆◆

행동반경이 보다 넓어지는 6~7개월

이때는 기어서 집 안 곳곳을 다닐 정도로 움직임이 활발해지며, 허리 근육이 발달하여 앉는 연습도 하기 시작한다. 경우에 따라서는 다른 것에 의지하여 일어서기를 시도하기도 한다. 한편 기는 과정을 생략하고 바로 걷는 아기도 있으므로 기는 시기를 놓쳤다고 해도 크게 걱정할 필요는 없다.

감정도 보다 다양하게 표현하는데 이 시기의 아기는 기쁘고 슬프고 화나는 감정뿐 아니라 호불호를 구분하고, 재밌고 지루한 것, 편안하고 두려운 것 등 다양한 감정을 표시할 수 있게 된다. 그러다 보니 낯선 사람을 더욱 경계하여 큰 소리로 울기도 한다. 또한 언어 능력이 발달하여 '엄마', '아빠' 등을 말할 수 있다.

◆◆◆

따라 하는 것에 재미를 붙이는 7~8개월

이 시기에는 대부분의 아기가 혼자서 앉을 수 있고, 이에 따라 앉아서 무엇인가를 만지며 놀 수 있다. 이렇게 허리 근육이 강해진 만큼 팔다리 근육도 강해져 몸을 일으켜서 물체를 집으려는 행동도 하게 되고 원하는 물건을 향해 움직이는 것도 수월해진다. 보행기로 집 안 곳곳을 돌아다닐 수도 있게 된다. 이렇게 신체 활동이 활발해지고 호기심도 더욱 커지는 만큼 식탁에 있는 물건들을 흐트러뜨리거나 엎는 등 장난도 심해지므로 위험한 일이 발생하지 않도록 늘 주의해야 한다.

한편 부모의 자극에 대한 반응도 더욱 발전하여 몸짓을 따라 할 수 있게 된다손뼉 치기 등. 그러므로 이때 다양한 유아 동작을 익힐 수 있도록 도와주어야 한다. 또한 이 시기에는 모체로부터 받은 면역력이 거의 사라져 감기와 같은 질병에 노출되기 쉽다.

일어서기를 준비하는 8~9개월

이전까지 기는 것에만 집중했던 아기가 이때부터는 일어서는 데 관심을 보이기 시작한다. 물론 스스로 일어나지는 못하고 무엇인가를 잡고 일어서려고 한다. 또한 이런 움직임과 더불어 다양한 운동 능력도 크게 향상된다. 가령 손가락을 움직이는 근육과 이를 조절시키는 운동신경이 발달하여 작은 물체도 잡을 수 있게 되고, 컵 등을 잡고 입에 갖다 댈 수도 있게 된다. 그만큼 이 시기에는 아기가 보다 적극적인 움직임을 가질 수 있도록 도와주어야 한다.

◆◇◆

걸음마에 도전하는 10~12개월

처음으로 걷는 시기는 아기마다 다르다. 보통은 10~12개월에 걸음마를 시작하지만, 15개월까지 늦어지는 경우도 있으므로 여유를 가지고 아기의 발달 상태를 지켜봐야 한다. 이전까지만 해도 무엇인가를 잡아야만 일어섰다면 이제는 스스로 허리와 무릎을 펴고 일어나게 되며, 이후에는 한 발씩 움직이는 것도 가능해진다.

한편, 이 시기부터는 성장 속도가 아기마다 큰 차이를 보인다. 말을 시작하는 아기가 있는가 하면 배변 훈련에 들어가는 아기도 있다. 또한 부모의 언어를 확실하게 이해할 수는 없지만 일부 문장에 한해 대략적인 의미를 이해하는 아기도 있다. 대표적으로 "주세요", "하면 안 돼요" 등의 표현에 반응하기 시작한다.

또한 이 시기에는 힘이 세지는 데다가 자아도 강해져 이유식을 먹일 때나 옷을 입힐 때 순순히 응하지 않고 거부 반응을 보이는 경우도 흔하게 나타난다.

◆◇◆

성장 단계를 지켜볼 때 주의할 점

지금까지 정리한 사항들은 보편적인 내용이기는 하지만, 그렇다고 모든 아기에게 공통적으로 적용되는 것은 아니다. 전반적으로 느리게 성장하는 경우가 있는가 하면, 어떤 특정 영역은 빠른데 다른 영역은 느리게 나타날 수도 있다. 이때 무엇보다 주의할 것은 조급해하면 안 된다는 사실이다. 안타깝게도 많은 부모가 같은 개월 수의 다른 아기와 비교하며 '우리 아기가 너무 느린 것은 아닐까?' '발달에 문제가 있는 것은 아닐까?' 염려하는데, 이런 마음은 오히려 아기에게 간접적인 스트레스를 줄 수 있다. 그러므로 '언젠가는 다 할 수 있을 거야'라는 마음으로 여유롭게 지켜보며 응원하자. 다만 영유아 발달 검사 등에서 문제가 될 정도로 발달이 느리다고 판단되는 경우에는 그에 따른 조치를 취해야 한다.

엄마, 궁금해요!

Q. **영유아 발달 선별 검사**는 왜 받아야 하죠? 그리고 언제 받으면 될까요?

A. 아기가 정상적으로 성장하고 있는지 부모의 입장에서는 판단이 불가능한 경우가 많아. 그렇기 때문에 혹여 문제가 있을 때 조기에 발견해서 대처할 수 있도록 정기적으로 진단을 받는 게 중요해. 어떤 증상이든지 조기에 발견할수록 치료 효과가 더 긍정적으로 나타날 테니까. 가령 발달 지연이 있는 영유아에게 적절한 치료를 제공해 줄 수도 있고 말이야.

특히 영유아기에 형성된 잘못된 습관은 나중에 성인이 되었을 때 만성질환을 유발할 수도 있거든. 그런데 이런 검사를 통해 문제를 빨리 바로잡는다면 예방이 가능하겠지? 이런 필요성 때문에 국가가 나서서 영유아 건강검진을 본격적으로 시행하는 거야. 국가적인 사업인 만큼 무료로 진행되기에 부담 없이 받을 수 있단다.

아마 아직 받아 본 적이 없어서 내용이 궁금할 거야.

대략적으로 영유아 건강검진은 우리가 받는 종합검진처럼 혈액 검사, 엑스레이 검사 등을 하지는 않아. 말 그대로 발달에 대한 검진이기 때문에 영유아가 성장 및 발달에 어떤 특징을 보이는지 부모의 자가 보고와 의사의 판별을 통해 진단하게 돼. 그러니 솔직하게 주어진 검진표를 잘 작성해 제출하고, 의사 선생님의 진단과 분석을 들으면 돼.

검진은 총 6차에 걸쳐 시행되는데, 첫 영유아 건강검진 시기인 생후 4~6개월 검사를 시작으로, 1차는 9~12개월, 2차는 18~24개월, 3차는 30~36개월, 4차는 42~48개월, 5차는 54~60개월, 6차는 66~71개월에 진행 돼. 그러니 이 시기에 맞게 검사를 받으면 된단다.

딸아, 이것만은 꼭 기억하렴

1. 신생아기

- 체온을 주기적으로 재는 등 건강 상태 상시 점검. 탯줄 부위 소독. 신생아 황달 여부 관찰.

2. 1~2개월

- 살이 오르며 손을 빨거나 긁기도 함. 모빌, 딸랑이 등의 자극에 반응을 보임.

3. 2~3개월

- 눈을 다양한 곳에 두기 시작하고 소리에도 민감해짐. 간단한 옹알이를 하며, 목 가누기를 시도하는 아기도 있음.

4. 3~4개월

- 감정 표현이 보다 확실해지고, 출생 시보다 두 배 정도 몸무게가 늚.

5. 4~5개월

- 새로운 물체에 손을 내밀며 반응함. 대부분 목 가누기를 완성하고 뒤집기를 시작함.

6. 5~6개월

- 기는 연습을 하며, 이유식을 시작함.

7. 6~7개월

- 기어서 집 안 곳곳을 다닐 정도로 활발해지고, 다양한 감정을 표시할 수 있게 됨. '엄마', '아빠' 등을 말하기 시작함.

8. 7~8개월

- 혼자 앉아서 물체를 만지며 놀 수 있음. 부모의 동작을 따라 함.

9. 8~9개월

- 무엇인가를 잡고 일어서려고 함. 작은 물체도 잡을 수 있고, 컵 등을 입에 갖다 댐.

10. 10~12개월

- 빠르면 걷기 시작함늦으면 15개월. 부모의 일부 표현을 이해함.

14 우는 아기 달래기의 달인이 되어 보자

To. 아기를 어떻게 다룰지 몰라 당황하는 딸에게

아기 키우는 것이 이렇게 힘들지 몰랐다며 하소연하는 네 목소리를 수화기 너머로 들으니 우선 안타까운 마음이 들기도 했지만, 한편으로는 옛날 내 생각이 나서 웃음이 났단다. 엄마도 널 키울 때 정말 막막했었거든. 기본적인 의사가 통하지 않으니 막막함이 밀려올 수밖에……. 아기가 뭘 원하는지를 알아야 뭐라도 해볼 텐데, 무작정 울기만 하니 얼마나 당혹스러웠겠니? 하지만 시행착오를 겪고 경험이 쌓이다 보니 그다음부터는 조금씩 쉬워지더구나. 아기가 우는 이유를 상황에 따라 추측하는 것도 보다 수월해지고 말이야.

그래서 오늘은 아기가 우는 이유와 대처 방법을 정리해 보았어. 물론 모든 경우를 다 정리하지는 못했지만, 보편적으로 나타나기 쉬운 것들만 잘 알아도 도움이 될 거라 생각해. 이 내용을 보면서 앞으로는 아기가 울 때 막막해하지만 말고 좀 더 여유롭게 대처할 수 있었으면 좋겠구나.

참, 그리고 아기를 달랠 때 아빠의 역할도 크다는 것을 꼭 알아 두렴. 부모 중 아무나 하면 될 거라고 생각할 수도 있겠지만, 분명 아빠와 엄마는 아기 달래는 방법이 다르기 때문에 두 사람이 같이 하면 더욱 큰 효과를 거둘 수 있거든. 방법이 다르니 아기 뇌에 보다 즐겁고 신선한 자극을 줄 수 있다고 해야 할까? 가령 엄마는 노래를 불러 주거나 얼굴을 들여다보며 나지막이 재미있는 이야기를 들려주는 등 주로 정적인 방법으로 아기를 달래 주려고 하잖아? 하지만 아빠는 자극적이고 박진감 넘치는 방법을 활용하지. 그러니 아기 달래는 것을 엄마의 몫으로만 생각하지 말고 아빠도 할 수 있게끔 하렴. 서로 부족한 부분을 보완해 줄 수 있을 뿐 아니라, 아기에게도 즐거운 자극을 제공해 주니까 말이야.

엄마의 역할을 시작한 딸에게 전수하는 엄마의 '알짜 정리' 2

우는 아기 대처법 1 - 배가 고플 때 가장 많이 운다

아기가 우는 이유 중 가장 큰 비중을 차지하는 것은 바로 '배고픔'이다. 그래서 특별히 아픈 곳이 없는데도 아기가 운다면 모유혹은 분유를 먹겠다는 신호일 가능성이 크다. 물론 수유가 끝나고 유아식 단계로 들어가는 시기에는 규칙적인 식사를 하게 되고 우는 것 외에도 간단한 언어를 통해 의사를 표현할 수 있으므로 '우는 것=배고픈 것'이라는 공식이 성립되기 어렵다. 하지만 신생아기를 비롯하여 모유혹은 분유에 의존하는 시기에는 일차적으로 '먹기 위한 울음'의 비중이 크다는 것을 알아야 한다.

만약 정말 배고파서 우는 것이라면 아기를 안았을 때 엄마 가슴에 파고들려 할 것이다. 또한 젖꼭지를 물리거나 젖병을 갖다 대면 거의 바로 울음을 그칠 것이다.

우는 아기 대처법 2 - 기저귀가 축축할 때 운다

기저귀가 젖으면 아기도 당연히 불편함을 느낀다. 심지어 신생아도 이것에 민감하게 반응할 수 있다. 물론 젖었음에도 별다른 반응을 보이지 않는 경우도 많지만간혹 따뜻하게 젖은 기저귀를 더 편안하게 생각하는 아기도 있다 대부분의 아기는 기저귀가 젖을 때마다 울음을 통해 갈아달라는 표시를 한다.

이와 같이 '기저귀 교체에 대한 바람혹은 쉬를 했다는 알림'은 '배고픔'과 더불어 아기가 우는 이유 중 높은 비율을 차지하므로, 아기가 울면 배가 고픈지를 확인하고 이어서 기저귀 상태를 체크해야 한다순서가 바뀔 수도 있다. 물론 우는 것과 별개로 기저귀 상태는 수시로 확인해야 한다.

우는 아기 대처법 3 - 피곤함을 표시할 때 운다

아기는 대부분 누워만 있는 데다가 먹고 자고 싸는 것만을 반복하기에 그다지 피곤해 보이지 않을 수 있다. 그러나 아기도 자극을 많이 받으면 피곤함을 느낀다. 특히 누워만 있다고 해도 자리가 여러 번 바뀌거나, 평소와 달리 시끄러운 소리를 듣거나, 사람들의 손을 다양하게 거치다 보면 피로할 수 있다.

그러므로 아기를 데리고 사람이 많은 장소에 가거나 집에 손님이 왔을 때, 아기는 평소보다 피곤함을 느끼고 그것을 울음으로 표현할 수 있다. 이 경우에는 조용한 곳으로 아기를 데려가 안정시킨 후에 재우면 된다.

한편, 특별히 피곤한 일이 없었는데도 잠이 올 때쯤 갑자기 울 수도 있다. 이것을 소위 '잠투정'이라고 하는데, 아기마다 잠투정을 심하게 하는 경우도 있고 그렇지 않은 경우도 있다. 신생아 때 잠투정이 심한 아기는 나중에 유아기 때도 짜증 내는 방식으로 잠투정을 할 수 있다. 그러므로 자신의 아기가 자기 전에 짜증스럽게 우는 아기라는 사실을 알았다면, 다음부터 이유 없이 투정을 부리고 울 때 '잠 올 때가 되었다'는 것을 인식하면 된다. 이때는 따로 무엇인가를 해주어야 한다는 부담을 가질 필요가 없으며 편안하게 재워 주면서 잠들기를 기다리면 된다.

우는 아기 대처법 4 - 아플 때 지속적으로 운다

잠 잘 시간도 아니고, 충분히 수유도 했으며, 기저귀 상태도 양호한데 아기가 울음을 그치지 않는다면, 아픈 곳이 없는지 의심해 보아야 한다. 이때는 바로 체온을 재서 열이 없는지 살피고 열이 있다면 미지근한 물수건으로 몸을 닦으며 열을 내려 준다. 그리고 열이 없는데도 울음을 그치지 않을 때에는 병원밤중이라면 응급실을 찾는 것이 좋다.

아플 때 우는 것과 평상시 상황에서 우는 것은 울음소리에서부터 차이가 나며아기마다 다르게 나타나겠지만, 부모의 입장에서 평소와 다르다는 것을 느낄 수 있을 것이다 울음이 지속되는 시간도 차이가 나므로 신속하게 대응해야 한다병원에 가기 전, 아기가 아픈지 확인하려면 우는 것과 별개로 건강 상태에 문제가 없는지를 파악할 수 있어야 하는데 그 부분은 다음 챕터에서 다루게 될 것이다.

우는 아기 대처법 5 - 불안할 때 운다

신생아의 경우 오랜 기간 양수 속에 있었기 때문에 무중력 상태에 익숙하다. 그런데 세상에 나온 후로는 갑자기 중력 상태에 적응해야 하므로, 불안함이 생겨 울 수 있다. 몇 개월이 지나면 이런 증상도 사라지겠지만 신생아일 때는 이것도 울음의 원인이 될 수 있으므로 처치를 해주어야 한다.

이 경우 해결 방법은 매우 간단하다. 아기를 오른쪽으로 눕혀 주기만 하면 된다. 그러면 중력을 느끼는 범위가 줄어들어 한층 안정감을 느낄 수 있다. 그리고 여기서 오른쪽으로 눕혀야 하는 이유는 심장을 비롯한 장기가 왼쪽에 있기 때문이다.

아기의 몸을 살살 흔들어 안정감을 주는 방법도 있다. 아기는 양수 속에서 몸과 머리가 움직이는 자극을 받으며 성장해 왔기 때문에 살살 흔들어 주는 것에 익숙한 편안함을 느낀다.

그런데 이때 강도가 지나쳐서 아기의 몸과 머리가 심하게 흔들리지 않도록 각별히 주의해야 한다. 아기를 품에 안고 엄마의 몸을 움직임으로써 그 흔들림이 아기에게 전달되게끔 하는 것이 좋다. 지나친 자극은 안정감은커녕 온몸에 긴장감을 유발하고 더 나아가 공포감을 갖게 할 수 있다. 특히 아기를 심하게 흔들면 아기의 뇌가 두개골에 부딪히면서 뇌 손상을 입을 수 있으므로 더욱 주의해야 한다.

우는 아기 대처법 6 - 관심을 표현할 때 운다

아기들은 이유 없이 허전함을 느끼거나 관심을 받고 싶을 때가 있다. 이럴 때도 울음으로 표시하는데, 이것은 특정한 문제가 있다기보다 부모를 부르는 사인이라고 할 수 있다. 이때는 아기를 안아 줌으로써 적극적으로 사랑과 관심을 표현해 주면 된다. 특히 아기의 귀를 심장 가까이에 대어 부모의 심장 소리가 들리게끔 하는 것이 좋다. 또한 아기는 부모의 목소리를 통해서도 안정감을 느끼므로 아기와 눈을 맞추며 여러 가지 말을 건네는 것도 좋은 방법이다.

간혹 '손 타면 계속 안아 주기만 해야 한다'는 생각 때문에 울어도 안아 주지 않는 경우가 있는데, 태어난 지 몇 개월까지는 많이 안아 주어서 나쁠 것이 없다. 아기가 울거나 손을 벌려 안아 달라는 표시를 한다면 이유를 막론하고 안아 주어야 한다.

◆◆◆

우는 아기 대처법 7 - 덥거나 추울 때 운다

아기는 온도에 민감하기 때문에 덥거나 추워도 울 수 있다. 특히 아기가 느끼는 온도는 일반 성인이 느끼는 온도와 다르므로, 우리가 덥지 않다고 해도 덥다고 느낄 수 있고 별로 춥지 않아도 추울 수 있다. 그러므로 신생아의 경우 속싸개를 통해 온도를 조절해 주어야 한다. 즉, 더워서 운다고 생각될 때는 속싸개를 펼쳐 놓고 추워서 운다고 생각될 때는 더 꽁꽁 싸매도록 한다. 또한 기저귀를 갈거나 옷을 갈아입히려고 잠시 속싸개를 펼쳐 놓으면 불안감과 추위를 느껴 울 수 있으므로 최대한 빨리 다시 감싸 주어야 한다.

◆◆◆

우는 아기 대처법 8 – 영아 산통 때문에 운다

4개월 이하의 아기가 갑자기 자지러지게 울기 시작해 멈추지 않고 1~2시간을 계속해서 우는 경우, 영아 산통일 가능성이 높다. 영아 산통은 아직 아기의 소화 기관이 성숙하지 못하기 때문에 나타나는 현상으로, 모유나 분유가 장에서 제대로 흡수되지 않으면 복부 팽만감이나 통증을 느끼게 된다.

모유를 먹는 아기라면 모유의 유질유선염은 없는지을 확인하고, 분유를 먹는 아기라면 유당을 쉽게 소화시키는 특수 분유나 장염용 분유로 바꾸어 먹이는 것이 좋다.

그 밖에도 과식을 했다거나 소음으로 인해 불안할 때도 영아 산통이 나타날 수 있다. 이때는 장의 순환을 돕는 베이비 마사지나 아기 수영이 도움이 되며, 항상 안정된 환경을 만들어 주도록 노력해야 한다.

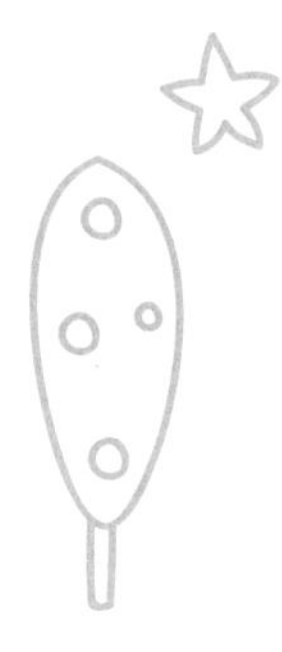

엄마, 궁금해요!

Q. 유난히 **까다로운 아기**는 어떻게 다루어야 할까요?

A. 순한 아기를 다루는 것도 조심스럽고 어려운데, 까다로운 아기를 다루는 것은 얼마나 더 어려울까? 내 아이가 아무리 예쁘고 귀여워도 까다로운 행동을 취할 때면 정말 난감할 수밖에 없을 거야. 하지만 아기가 왜 우는지를 알면 보다 수월하게 대처할 수 있다고 말했던 것처럼, 까다롭게 구는 것 역시 대략적인 이유를 알면 좀 더 쉽게 대할 수 있단다.

우선 아기가 까다롭게 구는 이유는 일반적으로 관심을 끌기 위해서야. 그런데 이 부분에서 순한 아기와는 조금 다른 대처법이 필요해. 앞서 아기가 무엇인가를 원하고 필요로 하면 그에 맞추어서 해주어야 한다고 설명했었지? 부족한 것은 채워 주고 관심을 요구하면 관심을 가져 주는 등……. 그런데 까다로운 아기에게는 조금 강하게 대처해야 할 때가 있어. 관심을 가져 달라는 의사를 울음으로 표현했다고 해서 무조건 관심을 보이고 무엇인가를 해

주려고 할 것이 아니라, 약간의 외면하는 듯한 반응을 보일 필요가 있단다. 즉, 울음이 관심을 끌지 못한다는 것을 알려 주어야 하는 거지. 왜냐하면 까다롭지 않은 아기는 달래고 필요한 것을 챙겨 주면 울음을 멈추고 안정감을 얻지만 까다로운 아기는 달래면 달랠수록 더 많이 울 수 있거든.

실제로 이스라엘에서 밝혀진 사실인데, 울 때마다 바로 달래 주는 아기는 계속해서 우는 반면 조금씩 시간을 늘려 가면서 내버려 두는 훈련을 하면 우는 습관을 고칠 수 있다고 해. 처음에 5분 동안 내버려 두면 아기는 '우리 엄마는 5분을 울어도 안 오니 10분을 울어야지' 하고 생각한대. 그런데 10분이 되어도 안 오면 30분으로 늘리게 되고, 그래도 안 오면 포기하게 된다는구나. 그 이후부터는 특별한 문제나 요구 사항이 없는 이상 울지 않게 되는 것이지.

한편 무관심한 듯한 반응을 보였음에도 불구하고 해결이 안 되는 것 같으면 그때는 아기의 관심을 다른 데로 돌리려고 노력해 보렴. 가령 장난감 등을 활용하는 방법으로 말이야.

여기서 반드시 기억해야 할 것은, 아기가 평소에 충분히 관심을 받고 있음에도 불구하고 더 큰 욕구를 드러냈을 때에만 이런 사항이 해당된다는 거야. 만약 평소에 관심과 사랑을 보여 주지 않아서, 즉 정말로 관심과 사랑이 필요해서 그런 것이라면 오히려 부모가 반성하고 더욱 보듬어 주고 감싸 주어야겠지.

딸아, 이것만은
꼭 기억하렴

1. 아기는 배가 고플 때 가장 많이 운다

- 젖꼭지를 물리거나 젖병을 갖다 대면 울음을 그침.

2. 기저귀가 축축할 때 운다

- 기저귀 상태 체크울지 않더라도 수시로 확인.

3. 소음, 자리 이동 등으로 피곤할 때 운다

- 조용한 곳으로 데려가 재우기.

4. 아플 때 지속적으로 운다

- 체온을 잰 후 열이 있으면 열을 내려 주거나 병원을 찾기.

5. 무중력 상태에 익숙하던 신생아가 불안할 때 운다

- 오른 쪽으로 눕혀 중력을 덜 느끼게 하기.
- 아기를 품에 안고 살살 흔들어 안정감 주기.

6. 관심을 표현할 때 운다

- 부모의 심장 소리가 들리게 안아 주기.
- 눈 맞추며 부모의 목소리 들려주기.

7. 덥거나 추울 때 운다

- 신생아의 경우 속싸개를 통해 온도를 조절해 주기.

8. 영아 산통 때문에 운다

- 모유의 유질 체크 및 유당을 쉽게 소화시키는 특수 분유 먹이기.
- 베이비 마사지나 아기 수영도 도움이 됨.
- 안정된 환경을 만들어 주기.

15 아기에게 꿀잠을 선물해 주렴

To. 아기를 재우는 데 어려움을 겪는 딸에게

어제는 얼마나 잤니? 아마 거의 잠을 못 잤겠지. 조리원에서 나온 뒤로 2시간마다 깨는 아기 때문에 고생하는 우리 딸이 엄마는 너무나 안쓰럽구나. 그런데 그 와중에도 아기만 보면 다시 힘이 난다고 말하는 네가 참 장하기도 해. 엄마라는 존재의 힘이 얼마나 대단한지……. 나도 엄마지만, 엄마가 된 너를 보며 새삼 엄마의 잠재력에 대해 다시 한 번 생각하게 된단다.

그런데 아무래도 당분간은 더 고생을 해야 할지 몰라. 그러니 틈틈이 잘 쉬면서 스스로 건강을 지키려 노력해야 해. 수시로 깨는 아기를 보살핀다고 쉬는 것을 소홀히 하면 나중에는 아기를 보살피는 게 더 어려워질 수도 있으니까.

그리고 이 말이 위로가 될지는 모르겠지만, 내 경험상 시간은 정말 빠르게 흐르는 것 같아. 당장은 잠을 포기해 가며 아기를 보는 날들이 마냥 오래갈 것만 같지만 이 시간들은 금방 지나가 버리거든. 그래서 나도 모르는 사이에 아기가 밤에 잘 자는 때가 찾아오게 되지. 그러니 힘들더라도 조금만 더 참고 버티렴. 물론 지금도 잘 견디고 있지만 말이야.

참, 그런데 그런 날이 곧 온다고 해서 안심할 수 있는 것은 아니야. 목을 가누고, 뒤집고, 걷는 것은 사실 특별한 교육과 훈련이 없어도 자연스럽게 잘 해내지만 수면은 그렇지 않거든. 그냥 내버려 둔다고 해서 밤낮을 구분하고 밤에 잘 자는 날이 순순히 다가오지 않아. 즉, 의도적으로 노력하고 훈련해야만 하는 거지. 그래서 이번에는 시기별로 아기의 수면 상태가 어떠한지, 그리고 어떻게 관리해야 하는지를 정리해 보았어. 이것을 참고하면서 부디 수면 교육에 성공하길 바란다. 그래야 네가 편할 뿐 아니라, 아기의 건강도 지킬 수 있으니까.

엄마의 역할을 시작한 딸에게 전수하는 엄마의 '알짜 정리' 3

아기의 시기별 수면 방식 이해하기 1 - 신생아기

태어난 지 일주일 된 신생아의 경우, 잠자는 시간이 대부분이지만 얕은 잠이 많아 자주 깨는 것이 특징이다. 일반적으로 2시간길게는 4시간에 한 번씩 잠에서 깨는데 이것은 수면-각성 주기가 2~4시간 간격이기 때문이다. 또한 신생아는 위가 작아 한 번에 먹을 수 있는 양이 적기 때문에 금방 배고픔을 느끼게 된다. 따라서 수시로 깨서 젖을 찾는 것이 정상이다.

한편 성인도 얕은 잠에 들 때와 깊은 잠에 들 때가 있듯, 신생아의 경우에도 얕은 잠에 들 때와 깊은 잠에 들 때가 구분된다. 만약 아기의 팔을 잡고 5센티미터 정도를 조심스럽게 올린 후 다시 내렸을 때 아기가 뒤척이지 않고 계속 잔다면 이런 경우는 깊은 잠에 든 것이라고 볼 수 있다.

또한 이 시기에는 수면-각성 주기의 틀이 잡혀 있지 않은 상태이므로 아기는 아직 밤에 깊은 잠을 자야 한다는 사실을 모른다. 특히 태아였을 때 캄캄한 자궁 속에서만 지냈기 때문에 낮과 밤의 개념이 없을 수밖에 없다. 따라서 잠자는 전체 시간도 길고 하루에 4~6회

잠을 자면서도 밤에 깊은 잠을 지속적으로 자지 못하기 때문에 부모가 지치기 쉽다.

◆◆◆

아기의 시기별 수면 방식 이해하기 2 - 1~3개월

이 시기에도 수면 주기의 틀을 잡는 것은 쉽지 않다. 적어도 태어난 지 3개월 정도는 지나야 수면 주기의 체계가 잡힌다고 보면 된다. 하지만 생후 6주부터는 수면 습관을 기르기 위한 노력을 시작해야 한다.

물론 수면 주기의 전반적인 특성과 별개로 아기에 따라 잠을 자는 시간 및 깨는 주기가 다를 수 있다. 이것은 아기의 기질이나 환경적 요인이 크며, 경우에 따라서는 배앓이나 영아 산통 등으로 수면에 어려움을 겪을 수도 있다.

◆◆◆

아기의 시기별 수면 방식 이해하기 3 - 4~8개월

이 시기부터는 대부분 수면 주기가 틀이 잡혀 아기를 다루기 조금 더 편해진다. 전체 수면 시간은 줄었어도, 밤낮의 구분이 가능해지기 때문에 밤에 길게 잘 수 있게 된다. 물론 낮잠을 자는 횟수와 시간은 줄어든다.

이때부터는 틀이 잡혀야 하는 만큼 본격적으로 아기의 수면 주기가 잘 잡혀 가고 있는지를 체크해야 한다. 잠들기까지의 시간, 잠에서 깨는 주기 등을 정리해 보면 수면 패턴이 어떻게 형성되고 있는지를 알 수 있다.

아기의 시기별 수면 방식 이해하기 4 - 9~12개월

이 시기에는 수면 교육이 완성되어야 하는데, 생각만큼 쉽지 않을 수 있다. 왜냐하면 이 시기에는 대부분의 아기가 고집이 세지고 불안감도 커져서 엄마와 떨어지지 않으려 하기 때문이다. 그러므로 수면 습관을 바로잡기 위한 교육이 필요하다. 만약 이때 수면 교육이 완성되지 않으면 계속 밤잠을 제대로 자지 못해 문제가 될 수 있다.

한편, 밤에 잘 자게 하려는 목적으로 낮잠을 자지 못하게 하는 경우가 있는데, 이것은 오히려 밤에 더 잘 자지 못하는 결과를 불러올 수 있다. 잘 자게 하려면 수면 패턴에 맞게 재우는 것이 가장 좋으므로 규칙적인 시간에 낮잠을 거르지 말고 재워야 한다대부분 이 시기에는

2회의 낮잠을 잔다.

참고로 개월에 따른 일반적인 수면 시간을 정리해 보면 아래의 표와 같다. 그러나 개인차가 있을 수 있으므로 이 표와 다른 수면 패턴을 보인다고 해서 걱정할 필요는 없다. 단 기준치와 차이가 현저하게 날 경우에는, 수면 교육에 보다 각별한 신경을 써야 한다.

시기	밤잠 시간	낮잠 시간(횟수)	총 수면 시간
1주	8시간 30분	8시간(4~6회)	16시간 30분
1개월	8시간 30분	7시간(3~4회)	15시간 30분
3개월	10시간	5시간(3회)	15시간
6개월	11시간	3시간 15분(2회)	14시간 15분
9개월	11시간	3시간(2회)	14시간
12개월	11시간	2시간 45분(2회)	13시간 45분

성공적 수면 교육을 위한 조언 1 - 스스로 잘 수 있게 만들기

아기들은 가만히 놔둔다고 해서 수면 습관이 바로잡히는 것이 아니다. 의도적인 노력이 필요하다. 특히 수면 패턴이 완성되기 전에 수면 습관을 바로잡는 것이 필요하다. 가령 초기에는 엄마 품에서 잘 자다가도 내려놓는 순간 깨서 우는 아기들이 있는데 이것은 안긴 채 잠드는 것에 익숙해져 있기 때문이다. 즉, '안기면 잔다'라는 패턴이 뇌에 각인되어서 이런 현상이 발생하는 것이다. 그러므로 안아 주지 않은 상태에서도 잠이 들 수 있도록 훈련을 시켜야 한다.

아기를 안은 채로 혹은 젖을 먹이면서 재우려고 하지 말고, 스스로 자는 방법을 터득할 수 있도록 아기가 졸려 하는 것 같으면 미리 눕혀야 한다. 그렇게 완전히 잠이 들지 않은 상태로 내려놓은 후, 토닥거려 주며 잘 수 있게 해야 한다. 그러면 안기지 않은 상태에서도 잠이 드는 법을 배우게 되며 나중에는 스스로도 잘 수 있게 된다. 물론 익숙해지기까지 어려움이 있을 수 있다. 특히 자지러지게 우는 아이라면 어려움이 클 수밖에 없다. 그러나 아기의 뇌는 새로운 변화에 쉽게 적응하므로 며칠 동안만 반복해 주면 금세 새로운 방법에 익숙해질 것이다.

성공적 수면 교육을 위한 조언 2 – 수면 의식과 수면 패턴

수면에 드는 것도 습관이 되어야 한다. 그러므로 잠들기 전에 특정하면서도 일정한 방법으로 수면 의식을 심어 주면 아기도 일정한 규칙 안에서 수면 습관을 기르게 된다. 수면 의식으로 활용할 수 있는 것에는 목욕, 기저귀 갈기, 불 끄기 등이 있다. 그리고 여기에 추가적으로 자장가를 불러 주거나 마사지를 해주면 반복적인 패턴 속에서 수면 의식을 갖게 하는 데 도움이 된다. 이 경우에는 매번 같은 순서로 진행하는 것이 좋으며, 되도록 시간대도 지켜야 한다.

한편 수면 패턴도 규칙적으로 형성되게 도와야 하는데, 여기는 밤잠만이 아니라 낮잠 시간도 포함된다. 보통 신생아기가 지나면 낮잠 자는 횟수가 3회 정도로 줄고 점차적으로 2회, 1회로 줄어드는데 이 시간대를 일정하게 정해 주면 낮잠을 재울 때나 밤잠을 재울 때 보다 효과적이다.

그리고 되도록 아침에 일찍 일어나도록 수면 패턴을 정해 주는 것이 좋다. 일찍 일어나 햇볕을 쬐게 해주면 그로부터 15시간 후에 멜라토닌 호르몬잘 자게 해주는 호르몬이 분비되기 때문이다.

성공적 수면 교육을 위한 조언 3 – 밤중 수유 끊기

밤에 아기가 깨면 일단 수유부터 하려고 하는 경우가 있는데, 젖을 물리면 재우기 편하지만 이것이 습관이 되면 나중에 밤중 수유를 중단하기 어려워질 수 있다. 물론 신생아를 비롯해 100일 전후까지는 밤에도 배가 고프기 때문에 젖을 자주 먹여야 하지만, 그 이후부터는 배고픔과 별개일 가능성이 크므로 무조건 젖을 물려 재우려고 해서는 안 된다. 특히 6개월 이상이라면 밤에 먹지 않고도 내리 자는 것이 가능해져야 한다. 그러므로 적어도 6개월부터는 밤중 수유를 끊겠다는 각오를 가져야 하고, 이를 위해 잠들기 전에 충분히 수유하는 것이 좋다.

처음에는 아기가 잠에서 깨면 평소처럼 젖을 먹고 싶다는 생각에 계속 울 수 있다. 그러나 6개월 이후에도 그런 행동을 취하는 것은 배고프다는 '욕구'와 그동안 밤에 먹어 온 '습관'을 구분하지 못하기 때문일 수 있다. 만약 이때 아기를 빨리 재우겠다는 생각만 가지고 젖을 물리면 습관은 완전히 고착되고 배가 고프지 않아도 고픈 것처럼 착각하여 도중에 깨는 경우가 생긴다.

특히 밤에 먹이는 것은 아기의 소화에도 좋지 않을뿐더러 치아가 생긴 후 충치를 유발하는 가장 큰 원인이 될 수 있으므로 초기에 바른 습관을 들여야 한다.

◆◆◆

성공적 수면 교육을 위한 조언 4 - 수면 환경 점검하기

잠을 잘 재우기 위해서는 수면 환경을 올바로 조성하는 것도 필요하다. 가장 기본적으로는 앞서 언급한 대로 불을 꺼 실내를 어둡게 해야 한다. 작은 불빛도 남겨 두지 않아야 하며 아기가 자다가 깨서 놀아 달라고 하더라도 불을 켜지 말아야 한다. 만약 불가피하게 수유를 해야 한다거나 기저귀를 갈아야 할 때만 수유등과 같은 것을 잠시 켜두도록 한다.

이와 더불어 온도계, 습도계를 구비하여 방 안의 온도와 습도도 틈틈이 관리해 주어야 한다. 또한 날씨에 알맞은 이불과 옷을 준비하여 덥거나 춥지 않도록 잠자리를 쾌적하게 해주어야 한다. 아기가 뒤집기를 시작했다면 높은 침대는 삼가는 것이 좋으며 만약 침대에서 재울 경우에는 떨어지지 않도록 범퍼나 가드라인을 설치해야 한다.

엄마, 궁금해요!

Q. **아기 목욕시키는 방법**을 배우긴 했는데, 정작 실전에서는 편한 대로 씻길 때가 많아요. 꼭 주의해야 할 사항이 있다면 알려 주세요.

A. 목욕을 시작하기 전에는 먼저 방의 온도가 따뜻한지 살펴야 해. 그리고 욕조에 따뜻한 물을 채우는데 온도는 38~40도 정도가 좋아. 온도 재기가 번거롭다면 팔꿈치나 손목 안쪽을 물에 담갔을 때 뜨겁지 않을 정도로 맞추면 돼. 아기는 피부가 매우 약해서 이보다 조금만 뜨거워도 화상을 입기 쉬우니까 조심하렴. 그리고 아기를 오랫동안 물속에 담가 두면 피부에 있는 각질층이 많이 떨어져 나갈 수 있어. 따라서 5분 안으로 목욕을 끝내는 것이 좋아.

아기를 씻길 때 워낙 조심스럽다 보니 세부적인 부분은 잘 씻기지 못하는 경우가 있어. 가장 놓치기 쉬운 부분이 목주름이 접히는 부분과 귀 뒷부분이야. 이 부분을 신경 써서 씻기고, 겨드랑이와 기저귀가 닿는 곳도 잘 씻기고 또 잘 말려 주어야 해. 기저귀 때문에 발진이 날 수도 있는데 이때는 보습에 더 신경을 써야 한단다.

그리고 아기의 목욕은 단순히 몸을 씻기는 것만을 의미하지 않아. 엄마가 아기의 몸 곳곳을 만지고 씻겨 주면서 특별한 유대감을 쌓을 수 있거든. 그러니 이 시간도 아기와 보낼 수 있는 소중한 시간임을 기억했으면 좋겠어. 또한 목욕할 때는 아기의 옷을 다 벗기기 때문에 아기의 몸에 특별한 문제는 없는지, 특히 피부에 이상은 없는지를 확인할 수 있는 기회이기도 해.

마지막으로 신생아일 때는 전용 바스나 샴푸를 쓸 필요 없이 물로만 닦아 주는 것이 좋지만, 엉덩이는 변이 묻는 부위이다 보니 전용 바스 등으로 닦아 줄 필요가 있단다.

딸아, 이것만은
꼭 기억하렴

1. 아기의 시기별 수면 방식 이해하기

1) 신생아기

- 밤낮 구분이 없고 2시간길게는 4시간 간격으로 깸.
- 위가 작아 자주 먹음.

2) 1~3개월

- 배앓이나 영아 산통 등이 수면 장애를 주기도 함.
- 아직 수면 주기의 체계가 잡히지 않음.

3) 4~8개월

- 수면 주기의 틀이 잡히기 시작하므로 수면 패턴을 체크해야 함.
- 낮잠 횟수가 줄어들고 밤에 길게 자기 시작함.

4) 9~12개월

- 수면 교육이 완성되어야 하는 시기.
- 규칙적인 시간에 낮잠 재우기.

2. 성공적 수면 교육을 위한 조언

1) 스스로 잘 수 있게 만들기

- 졸려 하는 것 같으면 미리 눕히기. 토닥거려 주기.
- 며칠 동안 반복해 주면 새로운 방법에 익숙해짐.

2) 수면 의식과 수면 패턴 심어 주기

- 목욕, 기저귀 갈기, 소등, 자장가, 마사지 등으로 수면 의식 심기.
- 낮잠 시간, 밤잠 시간을 정해 수면 패턴 정해 주기.
- 아침에 일찍 일어나도록 수면 패턴을 정하기햇볕을 받아 멜라토닌 분비 되도록.

3) 밤중 수유 끊기

- 최소 6개월 이상이면 밤에 먹지 않고 자야 함.
- 욕구와 습관을 구분할 수 있게 해주기. 잠들기 전에 충분히 수유하기.

4) 수면 환경 점검하기

- 불빛 차단하기. 온도, 습도 조절하기.
- 침대에 범퍼나 가드라인 설치하기.

6장

아기 건강을 걱정하는 딸에게

16 증상에 따른 기본 대처법을 알아 두렴

To. 아기가 아프지 않기를 기도하는 딸에게

내 인생에서 가장 아찔했던 순간이 언제인 줄 아니? 바로 100일도 안 된 네가 고열과 구토로 병원에 입원했을 때야. 별 탈 없이 건강하게 자랄 거라고만 생각했는데 작디작은 너의 몸에서 열이 나자 얼마나 떨리던지……. 병원에 가는 동안 쉬지 않고 기도만 했던 것 같아. 다행히 심하지 않은 장염이라 이틀 만에 퇴원할 수 있었지만 퇴원하는 그 순간까지도 엄마는 마음이 놓이질 않았단다.

아마 너도 비슷한 상황이 되면 나만큼, 아니 나보다 더 긴장하고 걱정하겠지. 물론 우리 손주에게 그런 일이 일어나서는 안 되겠지만 말이야. 혹시라도 아기가 아플 때 당황하지 않고 지혜롭게 행동하려면 기본적인 대처 방법을 알아 두는 게 좋아. 그래서 오늘은 아기, 특히 신생아에게 찾아올 수 있는 대표적인 질환이나 증상을 정리해 보려고 해. 아무래도 대표적인 질환 및 증상에 대해 다루다 보니 이미 잘 알고 있는 내용도 있을 거야. 하지만 기본적인 것일수록 다시 한 번 명심하고 되새긴다면 긴급 상황에서 조금 더 여유롭게 처치할 수 있겠지?

그리고 무엇보다도 건강의 핵심은 예방이라는 것을 잊지 말렴. 또 그 예방의 핵심은 위생과 청결이라는 것도 꼭 기억하고. 부디 기본적인 것들을 잘 지키면서 아기가 건강할 수 있도록 잘 돌봐 주길…….

아기의 건강을 챙기는 딸에게 전수하는 엄마의 '알짜 정리' 1

신생아 감염의 특성

신생아는 면역력이 아직 약하여 감염의 위험이 크므로 위생에 각별히 신경 써야 한다. 우선 신생아를 돌볼 때 가장 주의해야 할 것은 손의 청결이다. 아기를 돌보기 전에는 반드시 손을 씻어야 하며 경우에 따라서는 손 소독제를 발라야 한다.

사실 신생아는 외부에 나가지 않고 병원이나 산후조리원, 혹은 집 안에만 있는 데다가 먹는 음식 역시 모유 혹은 분유로 한정되어 다소 감염으로부터 자유로워 보일 수 있다. 그럼에도 불구하고 어떤 감염 증상이 나타났다는 것은 신생아를 돌보는 산모 자신을 비롯하여 가족, 산후도우미나 간호사 등의 손으로부터 감염원이 전파되었다고 볼 수 있다.

그러므로 이러한 감염으로부터 신생아를 보호하기 위해서는 손의 위생을 우선해야 한다. 특히 모유나 분유를 준비하거나 수유하는 과정에서도 감염원에 노출될 수 있으므로 조심해야 한다. 이와 더불어 감염 증상이 있는 사람들의 방문을 제한해야 하는데, 여기에는 외부인만이 아니라 가족이나 친척도 해당된다.

한편 신생아가 감염되기 쉬운 질환은 경로에 따라 크게 세 부류로 나눌 수 있다. 먼저 위장관을 통해 감염되는 질환으로는 로타 바이러스, 수족구, 대장균 감염, A형 간염이 있고, 호흡기로 감염되는 질환으로는 수두, 인플루엔자, 폐렴, 뇌수막염, 감기가 있으며, 접촉으로 감염되는 질환으로는 배꼽 감염, 신생아 결막염 등이 있다.

◆◆◆

신생아 감염성 질환 1 – 감기

신생아는 면역력이 약할 뿐만 아니라 호흡기도 불완전하기 때문에 바이러스성 감기에 감염되기 쉽다. 신생아가 감기에 감염되는 일차적인 원인은 감기에 걸린 사람과의 접촉인 경우가 많으므로 가족 중에 감기에 걸린 사람이 있다면 최대한 아기와 격리시켜야 한다. 또한 감기 환자가 아기와 아주 가까이 있지 않더라도 공기 중으로 감기 바이러스가 퍼질 수 있으므로 입을 가리고 기침하는 등 세심하게 주의를 기울여야 한다.

한편, 신생아는 감기에 걸리면 38~39도 이상의 열이 계속 지속되며 콧물, 눈곱, 설사, 소변량 감소 등의 증상을 보인다. 특히 아기들은 비강이 좁아서 감기에 걸렸을 때 코막힘으로 답답해하기 쉽다. 이때 아기는 코를 직접 풀지 못하므로 아기용 면봉이나 콧물흡입기로 콧물을 살짝 제거해 주어야 한다.

신생아기의 감기는 자칫 잘못하여 모세기관지염이나 폐렴으로 이어질 수도 있기 때문에 가볍게 여겨서는 안 된다. 그러므로 평소에 신생아의 손발을 자주 씻기고 하루에 한 번 이상 실내 공기를 환기하며 약 22도의 온도, 50~60퍼센트의 습도가 유지되도록 하여 예방에 힘써야 한다.

신생아 감염성 질환 2 – 로타 바이러스 감염과 폐렴구균 감염

로타 바이러스는 발열과 구토, 탈수성 설사를 일으키는 감염원이다. 로타 바이러스에 감염되면 처음에는 잠복기로 인해 별다른 증상이 나타나지 않다가 1~3일 후부터 열이 나기 시작하며, 설사와 구토 및 복통이 신생아를 괴롭힌다. 이때는 탈수 증상을 회복하기 위해 잘 먹이고 수분을 보충하는 것이 중요하다. 증상이 심하면 모유나 분유분유는 설사 방지 분유를 먹여야 한다, 물만으로는 수분 보충이 어려우므로 수액을 맞기도 한다. 물론 신생아는 배 속에 있을 때 엄마에게 받은 항체와 모유 때문에 증상이 심각하게 나타나지는 않는 편이다.

한편 예방을 위해서는 아기를 대하기 전에 손을 깨끗이 씻어야 하며 아기의 세탁물도 빤 후에 햇볕에 소독하는 등 위생에 신경 써야 한다. 또한 모유 수유를 하면 면역력을 키워 예방에 도움이 되며 예방접종을 통해서도 예방할 수 있다.

다음으로 폐렴구균은 기침이나 직접적인 접촉에 의해 감염되는데, 고열을 비롯하여 오한이나 기침, 가래 등의 증상이 나타난다. 또한 경우에 따라서는 가슴 통증이나 호흡 곤란이 나타나기도 한다. 폐렴구균에 감염되면 항생제 치료를 받아야 한다.

폐렴구균 역시 손 위생을 비롯하여 주변인들의 청결이 일차적인 예방책이며, 로타 바이러스 감염처럼 예방접종을 통해서도 예방할 수 있다.

신생아 감염성 질환 3 - 신생아 결막염

신생아 결막염은 눈물샘이 막혔거나 눈에 세균이 감염되었을 때 나타난다. 만약 눈물샘이 막힌 경우라면 눈과 비강 사이를 살살 눌러 주는 마사지를 통해 치료가 가능하다. 하지만 감염이 원인일 경우에는 의사의 처방에 따라 안약이나 연고를 발라 주어야 한다.

결막염을 예방하기 위해서는 눈의 청결이 중요하다. 아기를 목욕시킬 때 멸균 솜에 멸균 생리식염수를 부어 안쪽에서 바깥쪽으로 닦아 주는 것이 좋다. 이때 한쪽 눈을 닦은 솜으로 다른 쪽 눈을 다시 닦지 않도록 주의한다. 이와 더불어 신생아의 눈을 만지기 전에 손을 깨끗이 씻는 것도 놓치지 말아야 한다.

증상에 따른 대처 방법 1 - 발열

아기의 체온은 겨드랑이에서 쟀을 때 36~37.2도 정도가 정상이다. 만약 이보다 체온이 높아지면 환기 등을 통해 방 안의 온도를 떨어뜨리고 아기의 옷을 벗기거나 아주 얇고 가벼운 옷을 입혀 열이 최대한 빠져나갈 수 있도록 해야 한다. 그리고 가급적 기저귀도 벗기는 것이 좋다.

간혹 감기로 인해 열이 날 때 추울 것을 우려하여 더 꽁꽁 싸매거나 바닥 온도를 높이는 경우가 있는데, 이것은 아기의 체온을 더 올리기만 할 뿐 아무런 도움이 되지 않는다. 오히려 높아진 체온 때문에 심장에 무리가 갈 수도 있으니 주의해야 한다.

또한 생후 3개월 미만의 아기에게 38도 이상의 열이 있을 때, 생후

6개월 미만의 아기에게 39도 이상의 열이 있을 때는 병원에 데려가는 것이 좋다.

한편 디지털 체온계를 이용하면 아기의 체온을 보다 안전하고 정확하게 잴 수 있다. 디지털 체온계의 경우 겨드랑이에 넣어 재거나 귀에 넣어 재는데, 귀에 넣는 것이 더 간편하지만 0.5도 정도 높게 측정될 수 있다. 또한 신생아의 경우에는 귓구멍이 작아 귀 체온계를 사용하기 어려울 수도 있다. 디지털 체온계 외에도 적외선 탐지 방식을 활용한 이마 체온계가 있는데 이것은 몸 전체의 체온보다 피부 체온을 알려 주는 데다가 부위마다 체온이 다르게 나타날 수 있어 사용에 한계가 있다.

증상에 따른 대처 방법 2 - 설사

설사는 우리 몸에 어떤 세균이나 흡수할 수 없는 물질이 들어왔을 때 이것을 거부하여 내보내는 방식이다. 따라서 무조건 설사를 멈추게 하는 약을 쓰려고 해서는 안 된다. 우선, 이때 가장 주의해야 할 것은 탈수 현상을 막는 것이다. 설사는 많은 수분을 빼앗아 가기 때문에 경구 수액제를 먹일 필요가 있다. 물론 물을 마시는 것도 탈수 예방에 도움이 되지만, 무작정 물만 많이 마시면 몸속에 있는 전해질이 묽어지고 희석되어 오히려 건강에 좋지 않을 수 있다.

또한 분유를 먹는 아기일 경우에는 설사 방지용 특수 분유를 먹이도록 하고, 회복한 후에 원래 먹던 것을 다시 먹이면 된다. 참고로 건강한 아기는 갑작스런 설사 증상을 보인다고 해도 특별한 질병이 아닌 이상 금세 회복한다.

◆◆◆

증상에 따른 대처 방법 3 - 기침, 가래

기침은 호흡기를 통해 들어온 나쁜 물질을 바깥으로 내보내는 과정이라고 할 수 있다. 그러므로 기침을 막으려고 약부터 먹이지 말고 나쁜 물질이 우선적으로 나갈 수 있게 도와야 한다. 대신 목이 아프지 않도록 따뜻한 물을 마시게 하고, 기침이 그칠 기미가 보이지 않는 경우에는 폐에 무리가 갈 수 있으므로 병원을 찾는 것이 좋다.

가래 역시 호흡기에 나쁜 물질이 들어왔을 때 수분을 동반하여 내보내는 역할을 한다. 물론 아기는 가래를 스스로 뱉기 어렵다. 가래는 기도에서 만들어진 후 목구멍으로 나오는데, 이것을 스스로 빼내어 뱉는 것은 아직 어렵기 때문이다. 그러므로 손바닥을 오므린 후 아기의 등을 살살 두드려 주는 방법으로 가래가 나올 수 있게 해야 한다. 물론 가래를 그대로 두거나 삼킨다고 해도 큰 문제가 되지는 않지만 이것이 쌓이면 기관지를 막아 다른 질환을 일으킬 수 있으므로 최대한 제거해 주는 것이 좋다.

엄마, 궁금해요!

Q. 특별히 아픈 곳은 없는 것 같은데 모유를 먹고 아기가 토했어요. 이럴 땐 어떻게 해야 할까요?

A. 우선 아기가 토하는 이유를 알아봐야겠지? 사실 신생아는 토하는 경우가 많아. 아직 위장이 미숙한 데다가 식도에서 위로 넘어가는 부위도 성인처럼 완전하지 않으니까. 그러니 먹은 것을 토한다고 해서 무조건 걱정할 필요는 없어.

하지만 분수처럼 토하는 횟수가 너무 잦다면 그때는 혹시 다른 원인이 있을지도 모르니까 병원에서 진찰을 받아보렴. 특히 토사물 색깔이 모유나 분유 색깔이 아니라 녹색 혹은 짙은 노란색이면 장이 막힌 걸 수도 있으니 얼른 병원을 찾아야 해. 또한 붉은 색이나 변처럼 갈색 혹은 검은 색이어도 검사를 꼭 받아 봐야 해.

자, 그러면 이제 아기가 토했을 때의 응급 처치 방법을 알아볼까? 이때는 토사물이 뒤로 넘어가지 않게 하는 게 중요해. 즉, 이물질이 기도로 넘어가지 않게 조심해야 하는데, 그러려면 반드시 아기의 고개와 몸을 완전히 옆으로 돌려 눕힌 후 견갑골 사이 그러니까 어깨 사이의 등 쪽을 두드려 주면 된단다. 일단 이렇게 하면 큰 문제는 생기지 않을 거야.

그리고 이왕이면 아기가 토하지 않도록 평소에 조심할 필요도 있겠지? 그러려면 수유 양을 잘 맞춰야 해. 아기가 너무 많이 먹어서 게워 낼 수도 있거든. 그런 경우라면 수유 양을 줄이고 대신 수유 간격을 좁혀서 토하는 것을 예방할 수 있어.

그 밖에도 젖을 깊게 물리거나 젖병을 충분히 기울여서 공기가 들어가지 않게끔 수유하는 것도 잘 기억해 두도록 하렴. 물론 젖을 먹인 후 트림을 시켜야 한다는 건 기본으로 알고 있지? 이렇게 기본적인 사항만 잘 알고 조심해도 아기가 토하는 것을 줄일 수 있을 거야.

딸아, 이것만은
꼭 기억하렴

1. 신생아 감염 예방

- 아기를 돌볼 때 손을 청결하게 하고, 외부인이나 감염자와의 접촉을 피한다.

2. 신생아 감염성 질환

1) 감기

- 접촉에 의해 걸릴 가능성이 큼공기 중 감염 포함.
- 38~39도 이상의 열 지속, 콧물, 눈곱, 설사, 소변량 감소 등의 증상이 나타남.

2) 로타 바이러스 감염과 폐렴구균 감염

- 로타 바이러스: 발열, 구토, 탈수성 설사 등을 일으킴. 충분한 영양과 수분 보충이 중요함수액을 맞기도 함.
- 폐렴구균: 고열, 오한, 기침, 가슴 통증이나 호흡 곤란 동반. 항생제 치료.

3) 신생아 결막염

- 눈물샘이 막혔거나 눈에 세균이 감염되었을 때 걸림.
- 눈물샘이 막힌 경우: 눈과 비강 사이를 살살 눌러 주기.
- 세균 감염일 경우: 안약이나 연고 처방.

3. 증상에 따른 대처 방법

1) 발열

- 실내 온도를 떨어뜨리고 얇은 옷 입히기.
- 생후 3개월 미만의 아기: 체온이 38도 이상이면 병원 내방.
- 생후 3~6개월 아기: 체온이 39도 이상이면 병원 내방.

2) 설사

- 경구 수액제 등을 먹여 탈수 방지.
- 설사를 통해 나쁜 균이 나가도록 지사제는 가급적 피하기.

3) 기침, 가래

- 기침: 심할 경우 폐에 무리가 갈 수 있으므로 병원 내방.
- 가래: 등을 살살 두드려 가래가 나올 수 있게 해주기.

17 예방접종 지식은 아기 건강을 위한 재산이란다

To. 아기의 예방접종을 앞둔 딸에게

이제 너도 아기의 예방접종에 관심을 가질 때가 되었구나. 특히 예전보다 예방접종 종류가 많아져서 돌 전까지는 예방접종만으로도 병원에 갈 일이 많아지겠지. 어쩌면 종류가 많아진 것은 아주 다행스러운 일일지도 몰라. 백신이 더 개발되었다는 것은 보다 다양한 병을 예방할 기회가 생긴 것이니까. 심지어 전에는 유료였던 것이 무료 접종으로 바뀐 경우도 꽤 있다니 참 감사한 일이지. 그러니 이 기회들을 놓치지 말고 잘 챙겨 맞추렴.

그런데 예방접종과 관련해서 혹시 궁금한 것은 없니? 사실 주변에 있는 아기 엄마들과 마주하다 보면 예방접종 백신에 대해 모르는 경우가 꽤 많았던 것 같아. 예방접종의 필요성과 중요성은 인지하고 있지만 정작 무엇을 예방하기 위해 접종하는지는 잘 모르더라고. 그도 그럴 것이 예방접종 이름이 약자인 경우가 많고 익숙하지 않은 질환 이름도 있으니까.

물론 접종한다는 것 자체에 의의를 둘 수도 있겠지만 이왕이면 어떤 병을 예방하는지도 알고 접종하면 좋겠어. 더 나아가 예방접종을 했을 때 얻게 되는 효과나 부작용도 미리 알아 두면 좋고 말이야. 음……, 또 예방접종을 위해 준비하거나 지켜야 할 기본 수칙도 알아 두면 좋겠지? 물론 요즘에는 병원에서 친절하게 다 설명해 주긴 하지만, 그래도 미리 알고 가면 훨씬 알아듣기 수월할 테니까. 그럼 엄마가 정리한 것을 보면서 이 기회에 예방접종에 대한 기본기를 다져 보았으면 좋겠구나. 그리고 기회가 되면 주변 엄마들에게도 많이 알려 주렴.

아기의 건강을 챙기는 딸에게 전수하는 엄마의 '알짜 정리' 2

예방접종은 말 그대로 예방을 위한 것

오늘날은 감염성 질환의 종류가 많은 만큼 예방접종의 종류도 매우 다양하며, 나라마다 다른 양상을 띠기도 한다. 가령 유럽과 미국은 예방접종의 시기와 종류가 조금씩 다른데, 참고로 우리나라는 미국식을 따르고 있다. 이런 차이가 나는 것은 각 나라의 상황과 환경에 따라 질병이 달리 나타날 수 있기 때문이다. 그러므로 한국인 아기라 할지라도 유럽에서 산다면 그 나라가 필요하다고 판단하는 예방접종을 해야 한다.

그렇다면 예방접종을 하는 이유는 무엇일까? 바로 면역력을 미리 키워 두기 위함이다. 즉, 특정 질병이 찾아왔을 때 그것을 이겨 낼 힘을 길러 두는 것이다. 이렇게 면역력을 키우면 자신만이 아니라 다른 아기에게 전염되지 않아 공동체적으로 보았을 때도 유익하다.

◆◆◆

백신에는 생백신과 사백신이 있다

예방접종을 하다 보면, 생백신과 사백신이란 용어를 접하게 된다.

혹은 의사나 간호사로부터 생백신과 사백신 중 하나를 선택하라는 말을 듣게 될 수도 있다병원에 따라 지정된 것을 접종하는 경우도 있다. 즉, 처음부터 생백신 예방접종, 사백신 예방접종으로 구분되어 있는 것도 있지만, 둘 다 가능한 접종일 경우에는 선택을 요하는 것이다. 그런데 생백신과 사백신의 차이를 알지 못해 당황하는 경우가 많으므로 미리 정보를 알아 두면 좋다.

우선 생백신 접종은 약하게 살아 있는 균을 몸에 투여함으로써 면역력을 키우는 것으로, BCG, MMR, 소아마비, 수두, 일본 뇌염일본 뇌염은 사백신도 있음을 포함하고 있다. 생백신 접종을 할 경우, 효능이 오래 지속된다는 장점이 있는 반면 살아 있는 균을 넣다 보니 아주 간혹 부작용이 나타날 수도 있다이 부작용은 바로 나타나지 않고 4일에서 2주 이내에 나타날 수 있다.

이와 달리 사백신은 죽은 균을 투여한 뒤, 몸에 균이 들어온 것으로 착각하게 만들어 면역력이 생기게 하는 방법으로, DPT, B형 간염, 뇌수막염, 독감 백신 등이 포함된다. 사백신은 부작용이 거의 없는 반면에 면역 효과 기간이 짧은 편이라 추가 접종을 실시해야 한다.

◆◆◆

주요 백신의 특성 1 – BCG

BCG는 결핵을 예방하는 접종이다. 결핵 자체를 100퍼센트 예방해주지는 못하지만 결핵으로 인한 다양한 합병증을 막을 수 있다. 참고로 결핵에 의한 합병증에는 결핵성 뇌막염, 속립 결핵 등이 있다.

별다른 부작용은 없지만 4주 후에 주사 맞은 부위가 곪기 시작한다. 그런데 이것은 특별한 문제가 아닌 자연스러운 상황이므로 약이나 연고를 바를 필요 없이 그대로 놔두면 된다. 단, 고름이 심하게 나고 열까지 동반할 경우에는 병원을 찾아야 한다.

주요 백신의 특성 2 – MMR

MMR은 홍역Measles, 볼거리Mumps, 풍진Rubella에 대한 혼합 백신이라고 할 수 있다. 한 달 간격으로 두 번 접종하는데, 만약 돌 전후로 한 번만 접종했다면 4세 이후에 추가로 접종해야 한다. 또한 MMR은 보통 수두와 함께 접종하며, 생백신이기 때문에 다른 생백신과 시기가 겹치지 않도록 주의해야 한다. 즉, 최소한 한 달 이상의 간격을 두어야 한다. 만약 이를 지키지 않으면 고열이나 관절통이 올 수 있다.

◆◆◆

주요 백신의 특성 3 - 수두

수두는 사실상 질병이 아니기 때문에 예방접종을 반드시 할 필요는 없다. 또한 접종했다고 해서 수두에 걸리지 않는 것도 아니다. 다만 접종할 경우, 수두가 조금 약하게 올 수 있으며 흉터도 크게 남지 않는다. 한편 수두 예방접종은 생후 12개월 이후에 해야 한다.

◆◆◆

주요 백신의 특성 4 - 소아마비

소아마비 예방접종의 경우, 아주 간혹 마비 증세가 나타날 수 있으므로 가족력을 살펴 면역에 문제 있는 사람이 있다면 먼저 의사와 상의해야 한다.

◆◆◆

주요 백신의 특성 5 - 일본 뇌염

일본 뇌염은 모기를 통해 감염되는 것으로 걸릴 경우 뇌가 마비되거나 혼수상태에 빠지는 등 위험한 결과에 이를 수 있다. 그러므로 예방접종이 반드시 필요한 질병 중 하나이다.

일본 뇌염 예방접종은 여러 차례에 걸쳐 진행된다. 대개 돌이 지난 후 첫 접종을 하고, 일주일 후 2차 접종, 그 후 1년 뒤 한 차례 더 접종하며, 나중에 만 6세와 만 12세에도 다시 접종하게 된다. 한편 최근에는 일본 뇌염 생백신이 개발되었는데, 생백신을 맞을 경우 초기 2회 접종만 하고, 나중에 추가 접종을 하지 않아도 된다.

◆◆◆

주요 백신의 특성 6 - DPT

DPT는 디프테리아Diphtheria, 백일해Pertussis, 파상풍Tetanus의 이니셜을 따서 만든 예방접종으로, 세 가지의 백신을 혼합해서 맞는다고 볼 수 있다. 주사를 맞은 후에 3일 이내에 접종한 부위가 부을 수 있고 경우에 따라 열과 통증이 생기기도 하는데, 이것은 특별한 문제가 있는 것이 아니므로 안심해도 된다. DPT는 오전에 접종하는 게 좋으며 그 이후로는 충분히 휴식을 취하도록 해야 한다.

◆◆◆

주요 백신의 특성 7 - B형 간염

B형 간염은 다른 예방접종보다 아픈 편이라 아기가 더 괴로워할

수 있다. 한편 B형 간염 백신은 종류가 다양한데 1차에 접종했던 것으로 이어 나가야 한다.

일반적으로 6개월 안에 총 3회에 걸쳐 접종하게 되는데, 9개월 후 항체 검사를 하여 항체가 없다고 판명되면 3회에 걸쳐 다시 접종해야 한다.

◆◆◆

주요 백신의 특성 8 - Hib성 뇌수막염

뇌수막염 예방접종이라고 말하는 Hib 접종은 b형 헤모필루스 인플루엔자를 예방하는 접종이다. 여기서 헤모필루스 인플루엔자란 뇌수막염뿐만이 아니라, 패혈증, 폐렴, 후두염, 관절염 등을 일으키는 균이다. 한편 Hib성 뇌수막염은 우리나라에서 흔하게 나타나는 질병은 아니지만 한번 걸리면 매우 위험하기 때문에 접종하는 것이 좋다. 접종하면 거의 예방이 되며 부작용도 적어 안전하다. 단, Hib는 생후 6주 이전에 접종할 경우 이후 추가 접종의 효과를 떨어뜨릴 수 있으므로 2개월부터 맞히는 것이 좋다.

◆◆◆

주요 백신의 특성 9 – 독감 인플루엔자

독감은 감기와 달리 인플루엔자 바이러스에 감염되어 앓는 병으로 중이염, 폐렴, 기관지염 등과 같은 합병증을 일으킬 수 있어서 위험하다. 따라서 예방접종을 할 필요가 있으며, 접종 시 독감을 예방할 확률은 70~90퍼센트 정도로 높다.

독감 인플루엔자 백신은 생후 6개월 이후 4주 간격으로 2회 접종하며, 만 9세 이상은 1회 접종한다.

◆◆◆

예방접종 시에 주의할 점

예방접종을 하려고 하는 날에 열이 37도 이상이면 접종을 미루는 것이 좋다. 이는 접종 후 열이 났을 경우에, 부작용으로 인한 열인지 원래부터 나던 열인지를 구분하기가 어렵기 때문이다. 그리고 알러지 체질이거나 다른 병으로 치료받고 있는 경우, 혹은 만성적인 병을 앓고 있는 경우나 1년 이내에 경련을 일으킨 적이 있는 경우라면 접종 전에 의사와 상담할 필요가 있다.

또한 접종한 당일에는 목욕을 시키지 않도록 한다. 이것은 접종 부위에 물이 들어가는 것을 막기 위함도 있겠지만, 백신을 투여한 후엔 아기가 피곤하지 않도록 하는 것이 매우 중요하기 때문이다. 그러므로 접종 전날에 목욕을 시키는 것이 좋으며 접종 당일 및 다음 날에는 과도하게 노는 것도 자제시켜야 한다.

한편, 예방접종 시기를 놓치지 않고 꼬박꼬박 접종시키는 것도 부모에게 매우 중요한 과제인데, 오늘날에는 예방접종에 대한 안내 시스템이 보다 체계화되어 있어서 조금만 주의를 기울이면 시기를 놓치지 않을 수 있다. 우선 보건소에서 영유아의 정보 데이터를 관리하기 때문에 필수 접종을 하지 않았을 시 문자로 통보되며, 기타 전용 앱이나 육아 수첩의 예방접종 카드를 통해서도 접종 시기 및 접종 여부를 확인할 수 있다병원에서 접종할 때마다 수첩에 도장을 찍어 주며, 다음 접종 일정을 공지해 준다. 그러므로 문자 통보나 앱, 수첩 등을 잘 확인하고, 육아 수첩의 접종 카드는 성인이 될 때까지 보관하는 것이 좋다.

엄마, 궁금해요!

Q. 정해진 **예방접종의 시기**보다 늦게 접종하면 어떻게 되나요? 그리고 **예방접종의 부작용**에는 어떤 것들이 있나요?

A. 예방접종은 가급적 정해진 기간 내에 받는 것이 좋지만 사정상 날짜를 놓쳤다 하더라도 문제는 없어. 특히 다른 질환이 있을 경우에는 연기하는 것이 오히려 마땅하지. 사실 예방접종을 하는 것은 당연히 병을 예방하기 위함이 아니겠니? 그러니 그 병에 아직 안 걸렸다면 조금 늦어도 문제되지 않아. 하지만 특별한 이유가 없을 땐 권장 시기에 따라 맞히는 게 좋아. 다음번 접종과 간격을 두어야 할 수도 있으니까. 참, 대신 정해진 기간보다 앞서서 접종하는 것은 피해야 해.

그리고 예방 접종의 부작용은 그리 흔한 일은 아니야. 그렇지만 만에 하나의 경우를 생각해서 언제든 주의를 기울이는 게 좋겠지. 따라서 예방접종 후에는 30분 정도 병원에 남아서 아기의 몸 상태나 변화를 관찰해야 해. 혹시라도 문제가 있으면 의사 선생님께 문의를 해야 하니까.

예방접종 후에는 주사를 맞은 부위가 빨갛게 되거나 통증이 생기는 경우가 있고 몸이 축 처지는 등의 증상이 나타나기도 해. 혹은 두통이나 발열, 오한 등의 증상이 생기기도 하고 말이야. 그런데 이런 증상은 부작용이긴 하지만 큰 문제가 되지는 않아. 대부분 2~3일이 지나면 자연히 회복되거든.

문제는 이것으로 끝나지 않고 고열이 지속되거나 구토, 설사, 발진이 나타나는 경우인데, 이때는 의사 선생님을 다시 찾아가는 것이 좋아. 만약 접종을 담당했던 의사 선생님이 아닐 경우에는 접종 장소, 시기, 어떤 주사인지에 대해서도 반드시 알려 드려야 해.

딸아, 이것만은
꼭 기억하렴

1. BCG

- 결핵을 예방하고 다양한 합병증을 막아 줌.
- 4주 후에 주사 맞은 부위가 곪기 시작하지만 자연스러운 현상임.

2. MMR

- 홍역, 볼거리, 풍진에 대한 혼합 백신으로, 다른 생백신과 시기가 겹치면 안 됨최소 한 달 이상의 간격 두기.

3. 수두

- 질병이 아니므로 반드시 접종할 필요는 없으나, 접종하면 증상이 약하게 찾아옴.
- 12개월 이후에 접종.

4. 소아마비

- 간혹 마비 증세가 나타날 수 있으므로 가족력 살피기.

5. 일본 뇌염

- 감염 시 뇌가 마비되거나 혼수상태에 빠질 수 있음.
- 사백신, 생백신 중 하나를 선택하게 됨.

6. DPT

- 디프테리아, 백일해, 파상풍을 혼합한 백신.
- 경우에 따라 열과 통증이 생기기도 하지만 문제는 없음.

7. B형 간염

- 여러 종류의 백신이 있으며, 1차에 접종했던 것으로 이어 가야 함.
- 항체 검사 후 다시 접종해야 할 수도 있음.

8. Hib성 뇌수막염

- 뇌수막염, 패혈증, 폐렴, 후두염, 관절염 등을 예방함.
- 생후 6주 이전에 접종해서는 안 됨.

9. 독감 인플루엔자

- 독감은 중이염, 폐렴, 기관지염 등과 같은 합병증을 일으킴.
- 접종 시 예방할 확률이 70~90퍼센트 정도로 높음.
- 생후 6개월 후 4주 간격으로 2회 접종.

18 자연주의 육아법을 소개하고 싶구나

To. 아기의 면역력을 높여 주려는 딸에게

예전에 우리 가족이 자연주의 밥상으로 처음 식단을 바꿨던 때를 기억하니? 전에는 인스턴트 음식도 먹고 자극적인 음식도 꽤 먹었는데 본격적으로 건강을 챙겨 보겠다고 단단히 결단했었지. 사실 나도 처음에는 자극적인 음식이 그립긴 했는데, 먹다 보니 역시나 자연주의 음식이 최고더구나. 정말이지 그 일을 계기로 우리 가족이 이전보다 건강해진 것은 사실이야. 또 그 덕에 자연 자체의 것이 얼마나 소중한지도 깨닫게 되었고.

아기를 키울 때도 마찬가지가 아닐까? 요새는 정말 좋은 육아 용품이 쏟아져 나오고 육아를 위한 다양한 프로그램도 소개되고 있지만 아무래도 자연 그대로의 것만큼 좋은 것은 없는 것 같아. 물론 다른 것들이 필요 없다는 뜻은 절대 아니야. 다 엄마와 아기를 위한 오랜 연구 끝에 만들어진 것들이니 하나하나가 가치가 있지. 하지만 그런 것들만이 아닌 자연의 방법으로도 아이를 키운다면 더 없이 좋을 거야. 말 그대로 자연주의 육아법을 간과해서는 안 된다는 게 엄마의 확고한 생각이야.

그렇다면 자연주의 육아법이 필요한 이유는 뭘까? 엄마는 한마디로 '면역력 증대'라고 말하고 싶어. 인공적이고 인위적인 것은 우리의 면역력을 키워 주기 어렵거든. 그래서 오늘은 특별히 아기의 면역력 증대에 도움이 되는 자연주의 육아법 다섯 가지를 소개하고자 해. 캥거루 케어법, 일광욕, 풍욕, 마사지, 수영, 이렇게 다섯 가지인데, 이것들은 면역력 증대뿐 아니라 아기와 엄마에게 여러 가지 유익을 안겨 줄 거란다. 그러니 생소한 이 방법들을 잘 배워서 익혀 두고 아이에게 꼭 적용해 보렴.

아기의 건강을 챙기는 딸에게 전수하는 엄마의 '알짜 정리' 3

미숙아 치료법에서 시작된 캥거루 케어

캥거루 케어는 1983년 콜롬비아의 레이, 마르티네즈 박사가 개발한 미숙아 치료법이다. 놀랍게도 이 치료 방법은 미숙아 사망률을 70퍼센트에서 30퍼센트로 대폭 줄이는 성과를 거두었다. 이후 캥거루 케어는 다른 나라로도 보급되기 시작했고 지금은 미숙아만이 아닌 만삭아에게도 적극 권장되고 있다.

우선 캥거루 케어는 새끼 캥거루가 엄마 캥거루의 주머니 안에 들어 있는 모습에서 따온 것으로, 엄마가 상의를 입지 않은 상태에서 아기의 알몸을 밀착시키는 동작을 취한다. 그리고 캥거루의 주머니처럼 아기 몸 위에 이불을 덮어 감싼다. 그런데 이때 꼭 누워서만 할 필요 없이 흔들의자 등에 앉아서 케어를 해도 무방하다. 흔들의자에 앉아 적당한 스윙으로 가볍게 흔들어 주면 더욱 효과적일 수 있다.

이 캥거루 케어를 권장하는 시기는 만삭아와 미숙아의 경우 다르게 적용되는데, 미숙아는 첫돌까지 하는 것을 권장하고, 만삭아는 생후 3개월까지 하는 것을 권장한다. 이 케어를 시도하는 횟수는 정해진 바 없으나, 자주 할수록 효과가 높다고 알려지고 있다. 한편, 이 방법은 엄마만이 아닌 아빠가 시도해도 좋다. 실제로 제왕절개의 경우, 산모가 수술실에서 나오기 전까지 아빠가 캥거루 케어로 아기를 돌보기도 한다.

◆◆◆

캥거루 케어는 미숙아, 만삭아 모두에게 효과적이다

캥거루 케어를 하면 엄마의 가슴과 아기의 가슴이 밀착되어 엄마의 가슴 온도가 상승하게 된다. 이때 아기의 체온 역시 따라서 상승하기 때문에 아기의 몸을 따뜻하게 유지시켜 줄 수 있다. 그러므로 미숙아의 경우, 인큐베이터에 있는 것보다 캥거루 케어로 엄마 품에 있는 것이 체온을 조절하는 데에 더욱 효과적일 수 있다.

또한 이 방법은 아기의 뇌간을 자극하여 안정된 기분이 들게 하므로 편안한 수면을 유도할 수 있다. 실제 실험에서도 캥거루 케어를 한 상태에서의 아기 심장 박동이 매우 고르고 규칙적으로 변하는 것으로 나타났다.

그 밖에도 캥거루 케어를 지속적으로 할 때 얻을 수 있는 장점으로는 호흡 패턴이 개선된다는 점과 아기의 수면 시간이 증가한다는 점, 아기의 두뇌와 정서 발달에 도움이 된다는 점, 모유를 잘 먹고 체중이 증가한다는 점, 심리적으로 안정이 되어 덜 보챈다는 점 등이 있다.

한편, 캥거루 케어는 기본적으로 아기를 위한 것이지만 엄마에게도 도움을 준다. 일차적으로 모유 양이 늘어 수유에 도움이 되고, 아기와의 친밀감이 상승함에 따라 정신적인 스트레스도 줄어든다. 또한 육아에 대한 자신감도 크게 향상된다.

◆◆◆

일광욕으로 비타민 D를 공급하자

일광욕은 아기의 성장과 발육에 꼭 필요한 부분이다. 기본적으로 햇볕은 뼈를 튼튼하게 하는 비타민 D 생성을 돕고 칼슘 흡수를 높여주기 때문이다. 그뿐 아니라 멜라토닌 호르몬을 분비하여 생체 리듬을 조절해 주고 수면의 질도 높여 준다. 그러므로 생후 6개월 정도부터는 본격적으로 일광욕을 시켜 주는 것이 좋다.

일광욕의 방법은 시기에 따라 다른데, 처음 시작할 때는 발목 부위 정도만을 햇볕에 5분에서 10분 정도 쬐어 준다. 그리고 점차 시간을 늘려 한 달이 지났을 때는 30분 정도까지 일광욕을 할 수 있게 한다. 또한 쬐어 주는 부위도 종아리에서 다리 전체로, 배 전체로, 가슴 전체로 점차 그 범위를 넓혀 주도록 한다. 이때 무조건 직사광선을 쬐게 할 필요는 없으며 그늘이 진 곳이 아닌 따뜻한 곳이면 어디든 가능하다.

단, 일광욕을 시킬 때 머리와 얼굴, 특히 눈에는 햇볕이 직접 닿지 않아야 한다. 따라서 보호 차원에서 모자나 수건으로 얼굴과 머리를 부위를 가려 주어야 한다. 또한 자외선이 가장 센 오전 10시부터 오후 4시까지는 일광욕을 피하는 것이 좋다. 다음으로 일광욕이 끝난 후에는 물이나 과일즙을 먹여 수분을 보충해 줄 필요가 있다.

간혹 햇볕이 잘 드는 집일 경우 굳이 나가지 않고 집에서 일광욕을 해도 된다고 생각하기 쉽다. 하지만 창문을 거치면 일광욕 효과를 얻기가 어려우므로 6개월 이상이라면 밖으로 나가야 한다. 또한 일광욕을 꾸준히 시켜야 한다고 해서 날씨를 고려하지 않고 나가는 경우가 있는데, 잘못하면 감기에 걸릴 수도 있으므로 날씨 및 아기의 컨디션을 잘 체크해야 한다.

◆◆◆

신생아는 왜 일광욕을 하면 안 될까?

신생아기에도 일광욕을 해야 한다고 보는 사람들이 있다. 그러나 이 시기에는 집 안에 들어오는 햇볕만으로도 충분하므로 일광욕을 따로 시킬 필요가 없다. 신생아에게는 창가 쪽에 눕히는 간접 일광욕이 좋다. 특히 먹는 데에 지장이 없고 정상치로 잘 자란다면 비타민 D 부족에 대한 걱정 역시 하지 않아도 된다.

무엇보다 신생아에게 직접 일광욕을 해서는 안 되는 이유는 자외선을 받기에는 아직 피부가 약하기 때문이다. 특히 과거와 달리 요즘에는 햇볕에 많은 자외선이 포함되어 있어 더욱 주의해야 한다. 이 자외선은 사라지지 않고 누적되므로 어릴 때부터 조심하는 게 좋다.

풍욕은 피부 건강에 도움이 된다

우리의 피부는 약하게나마 호흡을 통해 산소를 흡수하고 탄산가스를 배출한다. 만약 피부가 이 기능을 원활히 해준다면 건강에 큰 도움이 될 수 있는데, 그런 차원에서 선호되는 것이 바로 풍욕이다.

풍욕은 성인에게도 좋지만 특히 아기 피부에 좋다. 무엇보다 요즘 아기들은 아토피로 고생하는 경우가 많은데 풍욕은 아토피 치료에도 도움을 줄 수 있다. 물론 이것이 아토피를 완전히 치유해 줄 수는 없지만, 풍욕으로 아토피가 개선되었다는 아기들이 늘고 있는 것은 사실이다. 또한 아토피뿐 아니라 피부 전체적으로 면역력을 키워 주기 때문에 다른 피부 질환도 예방할 수 있다.

이와 더불어 아기는 풍욕도 하나의 놀이처럼 느낄 수 있으므로, 아기와 엄마가 함께 풍욕을 즐기면 친밀감이 높아지고 자유로움을 느끼는 등 정서 발달에도 도움이 된다.

◆◆◆

풍욕은 이불 밖에서의 시간이 중요하다

풍욕에서 가장 중요한 것은 온도 조절이다. 따뜻한 날에는 창문을 열어도 상관없지만 겨울에는 환기를 한 후에 다시 창문을 닫고 시행해야 한다. 또한 따뜻한 낮 12시~2시 사이에 하는 것이 좋다.

이렇게 따뜻한 상태가 되었으면 아기의 옷을 벗긴 후 엄마는 아기를 안고 이불 속에 들어간다. 이불은 기존에 덮는 것보다 살짝 두껍되 그리 무겁지 않은 것으로 선택하는 것이 좋다. 그리고 이불을 덮은 상태에서 바닥이나 소파에 등을 기대어 편하게 앉는다. 엄마도 아기와 같이 옷을 벗으면 더 효과적일 수 있지만, 아기만 벗겨도 문제는 없다.

이때부터 30분 정도 풍욕을 즐기면 되는데 세부 시간은 아래 표를 참고하자. 이불 속에 있는 시간은 더 길어져도 좋지만 벗은 상태에서

밖에 나와 있는 시간은 아기 몸에 공기가 닿는 시간이므로 반드시 지켜야 한다.

횟수	1회	2회	3회	4회	5회	6회	7회	8회	9회	10회	11회
이불 안	1분	1분	1분	1분	1분	1분 30초	1분 30초	2분	2분	2분	2분
이불 밖	20초	30초	40초	50초	1분	1분 10초	1분 20초	1분 30초	1분 40초	1분 50초	2분

한편 신생아는 풍욕을 피하는 것이 좋으며, 풍욕하기에 알맞은 시기로는 3개월에서 12개월 사이가 권장된다.

스킨십과 마사지도 아기에게는 보약이다

아기를 부드럽게 어루만지는 스킨십은 단순히 아기의 기분을 좋게 할 뿐만 아니라, 신체의 면역 체계를 발달시키는 데에도 영향을 미친다. 또한 살살 어루만지는 것만이 아니라, 살짝 힘을 가해 주물러 주는 아기 마사지 역시 아기 건강에 효과적인 것으로 알려졌다. 실제로 미숙아가 인큐베이터 속에 있을 때 약하게 주물러 주는 마사지를 했을 경우, 살살 어루만져 줄 때보다 체중이 더 많이 증가하는 것으로 보고되기도 했다.

그렇다면 아기 마사지는 어떤 면에서 도움이 될까? 아기 마사지의 가장 대표적인 것은 아기의 배에 손을 얹고 시계 방향으로 원을 그리며 마사지해 주는 방법인데, 이것은 장 운동을 좋게 하여 변비를 해결해 주고 혈액순환을 좋게 한다. 따라서 영아 산통이 있을 때도 효과를 볼 수 있다. 또한 소화 기능 및 심폐 기능에도 도움을 주어, 결과적으로 호흡, 순환, 배설, 소화와 같은 기본적인 신체 건강 전반에 중요한 영향을 미칠 수 있다.

한편, 두 다리를 펴서 주물러 주는 다리 마사지 역시 하체 부위의 혈액순환에 도움을 주고 정서적으로도 좋은 감정을 갖게 해준다. 이처럼 아기 마사지는 신체적, 정서적인 면 전반에 유익을 끼치며, 엄마 손이 직접 아기를 만져 준다는 점에서 특별한 상호 교감을 나눌 수 있어 애착 형성에도 기여한다.

◆◆◆

아기 수영은 운동 능력 향상에 효과적이다

물속에서의 놀이는 아기의 운동 능력을 키워 줄 뿐만 아니라 정신력도 기를 수 있다. 특히 운동 능력이 약한 경우에는 운동에 대한 자극을 높일 수 있어 더욱 효과적이다. 실제로 물놀이를 많이 한 아기들은 감염에 대한 저항력이 높을 뿐 아니라 소근육과 대근육 운동 능력도 높은 것으로 보고되고 있다. 또한 순환 및 호흡 계통에도 좋은 영향을 끼치며 피로를 풀어 주어 숙면에도 도움이 되는 것으로 나타나고 있다.

무엇보다 아기는 특별한 경우가 아니면 물놀이를 좋아할 수밖에 없는데 그 이유는 자궁 속에서 이미 양수에 떠다녔기 때문이다. 따라서 물놀이는 아기에게 즐거운 감정 그 자체를 제공해 줄 수 있다.

한편 아기에게 물놀이를 시킬 때는 안정감을 주는 데 특히 신경을 써야 한다. 즉, 아기가 양수 안에 있을 때 안정감을 느낀 것처럼 여기에서도 안전하게 보호받고 있다는 느낌이 들게 하는 것이다. 이를 위해 아기가 물속에서 균형을 잘 잡고 몸을 편안하게 이완시킬 수 있도록 도와주어야 한다.

그런데 이런 물놀이는 꼭 수영장에서만 즐길 수 있는 것이 아니라, 목욕을 하면서도 즐길 수 있다. 어떻게 보면 아기에게는 목욕이 일차적인 물놀이 공간이다. 그러므로 아기가 성장하면서 욕조 안에서 놀기 시작하는 단계가 되면, 안전에 유의하되 마음껏 즐길 수 있도록 장을 마련해 주어야 한다. 특히 찰랑거리는 물속에서 다양한 촉감을 경험할 수 있게 해주면 좋다.

엄마, 궁금해요!

Q. **신생아 태열과 아토피**는 어떻게 구분하나요? 그리고 아토피를 예방하려면 어떻게 해야 할까요?

A. 우선 신생아 태열은 돌 이전의 영유아에게 발생하는 피부 질환인데 기본적인 증상으로는 얼굴 주위가 빨개지고 오돌토돌한 무엇인가가 올라오는 것 등을 들 수 있어. 그런데 신생아 태열은 주로 얼굴에만 나타나고 다른 부위까지는 번지지 않아. 그리고 만약 이것이 아토피가 아닌 태열이라면 100일쯤 되어서 자연히 가라앉는단다. 하지만 돌이 지나서도 증상이 사라지지 않고 심지어 몸 전체로 퍼진다면 유아 아토피 증상일 가능성이 있어.

일단 유아 아토피 증상을 최대한 예방하려면 화학 성분을 멀리하는 것이 좋아. 아기 몸에 닿는 다양한 보습제나 목욕 용품, 그리고 빨래 세제 등에 화학 성분이 있는지 잘 살펴야 해. 다행히 요즘은 아토피가 심각하게 여겨지다 보니 천연 성분으로 만들어진 제품이 많이 나오고 있어.

또한 환경적인 요인도 굉장히 중요하단다. 환기를 자주 해서 실내 공기를 청결하게 해주고, 진드기, 먼지 등도 잘 제거해야 해. 이와 더불어 먹는 것도 잘 관리해 주어야 하는데, 당연한 이야기지만 인스턴트식품이나 자극적인 음식은 피하는 게 좋아. 사실 이유식을 할 때까지만 해도 아기들이 인스턴트식품이나 자극적인 음식을 접할 일이 많지 않을 거야. 그러나 조금 더 자라면 시중에 파는 다양한 음료, 과자 등에도 관심을 보이겠지. 물론 아기에게 그런 것을 전혀 안 줄 수는 없겠지만 그래도 아토피를 고려해서 최대한 제한하고 자제하게 하는 것이 좋아.

마지막으로 보습에도 늘 신경을 써야 해. 건조해지는 것이 아토피를 부르는 주요 요인 중 하나이니까. 단, 아까 말한 대로 화학 성분이 들어가지 않은 보습제를 골라야겠지?

딸아, 이것만은 꼭 기억하렴

1. 캥거루 케어

- 엄마가 상의를 입지 않은 상태에서 아기의 알몸을 밀착시키고 아기 몸 위에 이불을 덮어 감싸기.
- 누워서 하거나 흔들의자 등에 앉아서 하기.
- 미숙아는 첫돌까지, 만삭아는 생후 3개월까지 권장.
- 호흡 패턴 개선, 수면 시간 증가, 두뇌 및 정서 발달, 체중 증가, 심리적 안정 등의 장점이 있음.

2. 일광욕

- 비타민 D 생성, 칼슘 흡수를 높여 주고, 멜라토닌 호르몬 분비로 생체 리듬을 조절함.
- 생후 6개월 정도부터 시작하는 것이 좋음.
- 발목→다리 전체→배→가슴으로 점차 확대시간도 조금씩 늘리기.
- 자외선이 가장 센 오전 10시부터 오후 4시까지는 피하기.

3. 풍욕

- 피부 호흡에 도움을 주어 아토피 개선, 피부 면역력을 키워 줌.
- 옷을 다 벗기고 정해진 시간에 따라 이불 속에 들어갔다 나오기를 반복. 실내가 춥지 않게 신경 쓰고, 특히 이불 밖에서의 시간을 잘 지켜야 함.

4. 아기 마사지

- 면역 체계를 발달시킴.
- 아기의 배를 시계 방향으로 둥글게 마사지하면 호흡, 순환, 배설, 소화 전반에 도움이 됨.
- 다리를 펴면서 주물러 주면 하체 부위의 혈액순환에 좋음.

5. 아기 수영

- 운동 능력과 정신력을 키워 주고, 감염에 대한 저항력도 높여 줌.
- 물속에서 안정감을 느끼게 해주고, 다양한 촉감을 느끼게 하기.

에필로그 | 엄마의 마지막 조언

엄마라는 사실만으로도 위대하다는 것을 기억하자

지금까지 처음 배 속에 생명을 품은 후 아기를 낳고 키우는 과정에서 각 단계별로 꼭 알아 두면 좋을 정보를 정리해 보았다. 물론 이 밖에도 중요하게 다루어야 할 내용이 많다. 또한 어떤 부분은 다른 책들과 다소 차이가 나는 내용도 있을 것이다. 그러나 사람의 모습이 다 똑같지 않고 성장하는 방식도 각자 다르듯, 아기를 낳고 키우며 건강을 관리하는 과정도 충분히 다를 수 있다. 그러므로 중점적으로 다루는 내용이나 세부 사항이 조금 다르더라도 당황하지 말고 유동성 있게 적용해 보길 바란다.

또한 이 지면에서는 이 책에서 강조하는 바를 다시금 짚어 보려고 한다. 여기서 말하려는 것은 앞서 다룬 내용의 요약정리가 아니다. 비록 직접적인 정보와 관련된 내용은 아니지만 이 책의 행간에 스며 있는 메시지를 좀 더 명확하게 전달해 보고자 하는 것이다.

첫째, 좋은 엄마가 되겠다고 마음먹었다면 이미 절반 이상의 성공을 거두었다는 것을 말해 주고 싶다. '어떻게 하면 좋은 엄마가 될 수 있을까?'를 고민하면서 이 책을 펼쳐 보았다는 것만으로도 좋은 엄마가 되어 가고 있음을 명심하길 바란다. 그런 정성 자체가 배 속에 있는 태아에게, 혹은 이미 태어난 아기에게 고스란히 전달되었을 것이다. 그러므로 이 책에서 다룬 내용을 숙지하지 못했거나 그대로 실천하지 못한다고 하더라도 걱정하지 말자. 이미 당신은 괜찮은 엄마, 훌륭한 엄마이다. 그것만으로도 충분하다.

둘째, 출산과 육아는 엄마의 희생이 수반되는 사랑이지만, 스스로도 사랑의 수혜자가 되어야 한다. 프롤로그에서도 다룬 바와 같이 아기를 낳고 키우는 과정에서 무엇보다 중요한 것은 '나의 행복을 지키는 것'이다. 아무리 아기를 위해 헌신적으로 수고해도 그 과정에서 자신이 행복하지 못하다면, 스스로는 물론 가족 전체가 불행에 빠지게 된다. 아기를 위해 공들였던 것들도 결국은 수포로 돌아갈 뿐이다. 그러므로 행여 이 책에서 제시한 바들을 지키지 못한다고 해도 자신의 행복만큼은 포기하지 말자. 조금 덜 수고하더라도 우선 마음에 평안과 여유가 깃드는 것이 중요하다. 그렇게 스스로의 마음과 몸을 챙길 때 아기도 그런 엄마를 보며 진정한 안정을 찾을 수 있다.

그러기 위해서는 힘들고 지칠 때 가족에게 기꺼이 도움을 청하고, 복잡한 마음을 솔직하게 꺼내 놓아야 한다. 마음을 열고 손을 내밀어야 자신도 건강해지고 아기와 가족도 건강해진다. 무엇보다 지금 읽고 있는 이 책은 시댁 식구도, 의사도 아닌 친정 엄마의 마음을 담았다는 것을 기억하자. 지금 그 누구보다 '나'를 걱정하는 사람이 있다는 것, 그 사실을 기억하면서 스스로가 쓰러지지 않도록 격려하고 힘을 모으자.

셋째, 조바심을 가질 필요가 없다. 아기를 낳고 잘 키우는 과정은 이전까지의 삶에서 겪어 온 일들과 분명히 다르다. 학교에서 공부하거나 일터에서 일할 때는 대부분 노력하는 만큼 결과가 뒤따르기 마련이지만, 출산과 육아와 관련된 사항에서는 노력과 별개의 일이 발생하기 쉽다. 가령 아기의 성장이 생각보다 빨라 걱정일 수 있고, 반대로 너무 느려서 걱정이 될 수도 있다. 몸의 회복이든 아기의 발육이나 발달 과정이든, 그 시기는 사람마다 다를 수밖에 없다. 물론 노력 여하에 달린 부분도 있지만, 자신의 수고가 영향을 미칠 수 없는 일도 상당히 많은 것이 현실이다.

이런 상황에서 조바심은 금물이다. 물론 산후 증상이나 분명하게 드러나는 아기의 질환 등 확실하게 문제가 되는 사항이 있다면 철저하게 진단받고 해결해 나가야 한다. 하지만 단순히 시기적인 문제 등의 차원이라면 여유를 갖고 기다려야 한다. 혹여 실수했다고 하더라도 '더 큰 화를 막기 위한 예방 차원'이라 생각하며 자책하지 말자. 자책이야 말로 진정한 실수이자 잘못이다.

끝으로 초보 엄마의 길을 걷는 모든 엄마를 격려하고 싶다. 아마 많은 이가 엄마라는 자리를 흔하디흔한 자리라고 생각할지 모른다. 그러나 이 세상에 엄마가 아무리 많더라도, 엄마는 엄마라는 사실 하나만으로 위대하다. 그것은 어떤 직업과 지위보다도 고귀하다. 한 사람을 낳고 키우는 일은 일반적인 임무와 책임 그 이상의 과정이기 때문이다. 그러니 자부심을 가지고 엄마의 길을 멋지게 걸어가길 바란다. 그리고 그 길을 가는 데에 이 책이 조금이나마 보탬이 되기를 기대한다.

인덱스

BCG	262, 270
B형 간염	264, 271
DPT	264, 271
EQ	25
Hib성 뇌수막염	265, 271
MMR	262, 270
감기	247, 256
감자 팩, 알로에 팩	142, 143
결막염	249, 257
골다공증	122, 169
기침, 가래	252, 257
남편과 함께하는 분만 리허설	61, 68
남편과 함께하는 진통 경감 운동	80, 85
단유	139, 147
독감 인플루엔자	266, 271
동화 태교	36
로타 바이러스 감염	248, 256
모유 수유	50, 102, 114
모유 수유와 음식	119, 131, 176
모유 수유의 장점	102, 114
모유의 질	118, 119
모자동실	50
목욕시키기	238
무통 주사	82

미각 태교	34, 39
발열	250, 257
배유구염	174, 181
분만 과정	88, 96
빈혈	46, 122
산욕기	184, 194
산욕열	158, 165
산후 우울감과 산후 우울증	152, 164
산후 운동	185, 194
산후 조리	184, 194
산후 질환	150, 166, 178, 180
산후풍	156, 164
설사	126, 248, 251, 257
성숙유	102
셀프 기저부 마사지	135, 136
소아마비	263, 270
소프롤로지 호흡법	76, 84
수두	263, 270
수면 교육	233, 241
수면 습관(수면 의식, 패턴)	234, 241
시각 태교	26, 38
시기별 수면 방식	230, 240
시한 증후군	172
신생아 감염	246, 256

아기 마사지	281, 287
아기 수영	33, 282, 287
아기의 성장 과정	198, 212
아빠의 태교	17, 23
아토피	278, 284
안면마비, 얼굴 비대칭	171, 181
영아 산통	222, 227, 281
영유아 발달 선별 검사	210
예방접종	258, 268, 270
오감 태교	24
요실금, 변실금	178, 192
우는 아기 대처법	216, 226
유두 셀프케어	112
유방 관리	132
유방농양	173, 181
유방암	104, 176
유선염과 유구염	144, 173, 181
일광욕	276, 286
일본 뇌염	263, 271
임신 중기 특징	44, 52
임신 초기 특징	42, 52
임신 후기 특징	47, 53
자연주의 육아법	272, 286
자연주의 출산	66

잠투정	218
전유, 후유	107
젖 찌꺼기	128
젖몸살	134, 146
젖을 거부하는 이유	109, 115
진통 경감 운동	78, 85
질 수축 운동	192
청각 태교	28, 38
초유	46, 102
촉각 태교	32, 39
치밀 유방	137, 146
캥거루 케어	274, 286
태교 여행	20
태교의 시기	15, 22
태교의 중요성	14, 22
태담	18, 28, 38
태반 만출	91, 92, 97
태아 하강 운동	58, 74, 78, 81
태열	284
폐렴구균 감염	248, 256
풍욕	33, 278, 287
후각 태교	30, 38
훗배앓이	160, 165
힘주기 리허설	58, 68, 89

디데이 리허설

D-DAY REHEARSAL

초판 1쇄 발행 | 2016년 9월 8일

지은이 | 이금재
발행처 | 마음지기
발행인 | 노인영
기획 · 편집 | 박운희 · 박은혜
디자인 | 박옥
표지 삽화 | 강한나
본문 삽화 | 문영인

등록번호 | 제25100-2014-000054(2014년 8월 29일) **주소** | 서울시 구로구 공원로 3, 208호 **전화** | 02-6341-5112~3 **FAX** | 02-6341-5115 **이메일** | maum_jg@naver.com * 이 도서의 국립중앙도서관 출판예정도서목록(CIP)은 서지정보유통지원시스템 홈페이지(http://seoji.nl.go.kr)와 국가자료공동목록시스템(http://www.nl.go.kr/kolisnet)에서 이용하실 수 있습니다.(CIP제어번호:2016021145)

※ 책 값은 뒤표지에 있습니다.
※ 잘못 만들어진 책은 바꿔 드립니다.

ISBN 979-11-86590-13-3 13590